JN160058

自家用・事業用 操縦士の航法

航法の学科試験問題対策
航法計算盤AN-2対応

紺谷　均著

鳳文書林出版販売

まえがき

本書は、自家用操縦士として初めて空中航法を学び、航空従事者学科試験の航法（飛行機、回転翼）を受験して合格することを目的としている人たちのために書かれたものです。既に出版されている『空中航法入門』を土台として、自家用及び事業用の学科試験合格のために必要事項を絞り込んだものです。空中航法を実施するための基礎知識と計算方法と理論的背景について深い理解を求められる場合は『空中航法入門』を参照していただくことを願うものです。

風力三角形については航法計算盤 AN—２を用いて解説しています。『空中航法入門』では AN －１を用いましたが、扱いやすさの見地から AN—２を推奨します。

第 14 章に学科試験問題の例題を掲載しています。「運航方式に関する一般知識、人間の能力及び限界に関する一般知識」については解答のみを示しています。それ以外の範囲の問題には解答に至る道筋を示して、類似問題を添えています。

自家用操縦士及び事業用操縦士を目指す人にとって、良き指南書であり、良き参考書として扱ってもらえることを望むものです。

平成 22 年　吉日　　筆者

目　次

1－1　空中航法

航空機が空で実施している航法を空中航法（Air Navigation）という。船舶が海上（水上）で実施している航法を航海術といい、これらは兄弟の関係にある。先に船舶の航法・航海術があり、空中航法は弟分になる。本書ではこれより空中航法を単に航法と表記する。航空機の動きは本来三次元であるが、航法では平面上の位置（動き）と高度に分ける。羽田空港の滑走路上にいても、羽田空港上空 3,000m（約 10,000ft）を飛行中でも、位置は羽田空港とする。航法においては、高度は除外し、平面上の位置だけを扱うことにする。では、上昇中や降下中はどうするのか。上昇中は巡航中に比べて、速度が遅く、燃費が悪くなるだけであり、降下中も速度や燃費が変化するだけということにする。高度及び高度変化は操縦に関係したことで、航法としては平面航法ということで処理する。三次元の動きにすると面倒で扱いきれないことになるから。

航法に求められることは、航空機を安全、確実、迅速に出発地から目的地まで到達させることにある。この目的を達成するためには以下のことを実施しなければならない。

(1)　航空機の位置を確認すること
(2)　航空機の針路を算出すること
(3)　所要の地点における到達時刻を予想すること

これらは航法の３作業と呼ばれている。(2) と (3) は航法計算盤から風力三角形を解いて算出する。

航空機の操縦は難しいものであり、操縦技術の習得が先になるのはやむを得ないことではあるが、目的地に安全に到着して飛行が終了するのであり、航法の習得にも力を注いでほしい。操縦と航法は安全に飛行するための両輪である。

1－2　航法の分類

航法という用語は広い意味に使われているが、これらの中で、狭義の意味で使われている航法の種類分けの一例を以下に示してみる。

1．地文航法（Pilotage）

最初に行われた航法であり、知っている所を飛行する場合には問題はないが、航空機の速度は速く、一定時間以上飛べるようになると、知らない所を飛行することになる。その場合には、地形地物と地図を見比べることになる。そのために、雲と視程の条件が良好な時に行われる。初歩的な方法であり、簡単なようであるが、結構難しく、熟練を要する。

2．無線航法（Radio Navigation）

知らない所を、気象の条件も悪い時に飛行できるように開発されたものである。無線航法援助施設からの電波を受信して、当該無線局からの方位や距離を知ってこれらを組み合わせて、位置や針路を求めて飛行するもので、陸上の中短距離用の航法であり、電波航法の一つである。

3．推測航法（Dead Reckoning Navigation）

かつては、洋上等においては地文航法や無線航法を実施することは不可能であり、推測位置を基に推測航法を行わざるを得なかった。21 世紀の現在においては、優れた航法装置が開発利用されており、推測航法はこれらの航法装置の予備の航法となっている。

4．天文航法（Celestial Navigation）及び 衛星航法（Global Navigation Satellite System :GNSS）

かつては、天体の高度を測定し、位置を算出して航法を実施していたが、専属の航空士が必要であり、制約も多かった。現在では、人工の天体即ち人工衛星を利用してコンピュータが位置を算出し、航法を実施する衛星航法 GNSS が登場し、その中の一つである米国の航法用衛星を利用した GPS（Global Positioning System）が主用されるようになった。20 世紀の最後に登場し、21 世紀の航法の主役を務めるものである。

5．慣性航法（Inertial Navigation）

航空機に働く重力以外の加速度の大きさと方向を検出し、加速度を積分して速度を求め、さらに積分すると移動した距離がでる。出発点からの方向と距離とから連続して位置を求める慣性航法装置（Inertial Navigation System）であり、INS と呼ばれる。レザージャイロを使用した慣性基準装置（Inertial Reference System）も利用されるようになり IRS と呼ばれる。これらは他の航法援助施設や天体や人工衛星等の自己以外のものを利用することなく自己完結型の航法装置であり、その意味から自立航法又は自蔵航法（Autonomous Navigation or Self Contained Navigation）と呼ばれる。

２－１　地球の形と大きさ

地球は回転楕円体であり、地球の赤道半径や極半径について、多くの観測結果をもとに多くの学者がそれぞれの値を発表している。これらは地球楕円体と呼ばれ、日本では、地図を作るときの基準となる準拠楕円体としてベッセル楕円体を、アメリカはクラーク楕円体を採用し、国毎に測地系が異なっていた。近年、GPS が普及し、その座標系に採用されている WGS － 84（World Geodetic System 1984 年）を世界測地系として航空図に採用していくことになった。これによる赤道半径は 6,378.137km で、極半径は 6,356.752km であり、扁平率は（赤道半径－極半径）/ 赤道半径＝ 1/298.257 であることから、地球を真球とみなすことも可能である。地球を真球とすれば、緯度と経度は地球の中心からの角度であり、最短経路は大圏となる。地球を真球とみなすことのほうが楕円体とするよりメリットが大きい。

２－２　地球に関する用語

地球を真球とみなして、航法に用いられる用語の説明をする。

１．地軸（Axis）及び極（Poles）

地球自転の軸を地軸といい、地軸の両端を極という。極のうち北極星に向かう方を北極（North pole）、他の極を南極（South pole）という。

２．大圏（Great Circle）及び小圏（Small Circle）

球をその中心を含む平面で切る時にできる円周を大圏といい、中心を含まない平面で切る時にできる円周を小圏という。２点間の最短距離はその２点を通る大圏の弧である。

３．赤道（Equator）及び距等圏（Parallel of Latitude）

地軸に直交する大圏を赤道といい、赤道に平行な円周を距等圏あるいは平行圏または緯度の圏という。地球は赤道によって北半球と南半球に分かれる。

4．子午線（Meridian）

両極を通って赤道に直交する大圏を子午線という。子午線の中で経度の基準となるものを本初子午線（Prime Meridian）といい、各国毎に定めていたが、英国グリニッジ天文台を通る子午線に統一された。

5．緯度（Latitude）と経度（Longitude）

図において、Pを北極、EMQを赤道、Oを地球の中心とし、子午線PMを本初子午線とする。

(1)　緯度（Latitude）

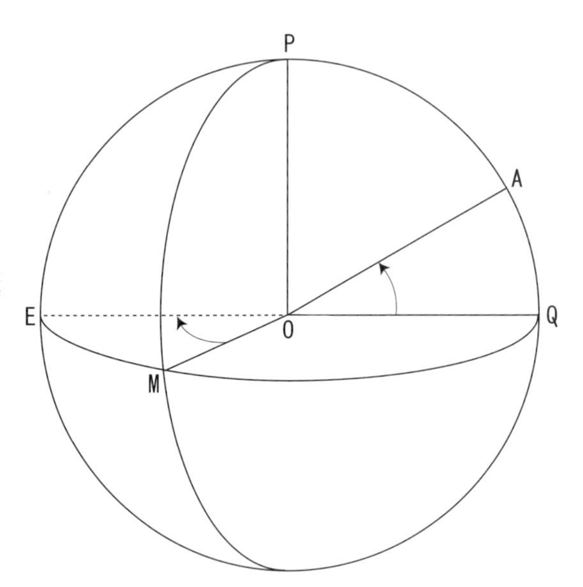

A点を通る子午線をPQとすると、弧AQ即ち、A点を通る子午線上において、A点と赤道までの角距離であり、赤道とその地が中心においてなす∠AOQをA点の緯度という。緯度は赤道から南北へ90°まで測り、北極に向かって測れば北緯(N)、南極に向かって測れば南緯(S)といい、NとSの符号を付ける。∠AOQが30°であれば、A点の緯度は北緯30°あるいは30° Nと表す。

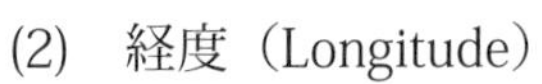

(2)　経度（Longitude）

E点を通る子午線をPEとすると、弧EMあるいは赤道において中心Oとなす∠EOMを子午線PEの経度という。本初子午線PMから東西に180°まで測る。∠EOMが70°であれば、E点の経度は西経70°あるいは70° Wと表す。∠QOMが130°であれば、A点の緯度経度は30° N 130° Eとなる。緯度と経度は共に頭文字がLなので、区別するために緯度は小文字のlを経度は大文字のLを使用するのが一般的である。

例　北緯45度25分　　南緯6度18分32秒
　　lat 45° 25′ N　　lat 6° 18′ 32″ S（latは省略することが多い）
　　東経50°40′　　西経100°10.5′
　　Long 50° 40′ E　　Long 100° 10.5′ W（Longは省略することが多い）

＊航法では、緯度経度は十分の1分に留めておくのが通常である。

6．緯差（Difference of Latitude）あるいは変緯（Variation of Latitude）

両地を通る距等圏間の子午線の弧を緯差または変緯という。即ち、両地の緯度差で、これを航程の南北成分について定義するときに変緯と呼ぶ。緯差と変緯は特に区別されずに用いられており、略語としては緯差のD.latが一般的である。

７．経差（Difference of Longitude）あるいは変経（Variation of Longitude）

両地の子午線間の赤道上の弧、あるいは中心においてなす角または極においてなす角を経差あるいは変経という。航程に関して両地の経度差の東西成分を指すときに一般に変経というが、特に区別せずに用いる。略語として経差のD.Longが一般的である。

８．緯差と経差の計算

宮崎（31°　54′　N　131°　27′　E）と東京（35°　33′　N　139°　45′　E）の緯差と経差を求める。

(1)　緯差　35°33′　N
　　　　－)31°54′　N
　　　　D.lat 3°39′

(2)　経差　139°45′　E
　　　　－)131°27′　E
　　　　D.Long　8°18′

緯度の差と経度の差であるから符号は付けない。

９．中分緯度（Middle Latitude）と中分経度（Middle Longitude）

両地の中間の緯度あるいは両地の平均の緯度を中分緯度といい、Mid.latあるいはl_mと略記する。両地の中間のあるいは平均の経度を中分経度といい、Mid.Longと略記する。

10.　航程の線（Rhumb Line）

地球面上において、各子午線と同一の角度で交わる曲線を航程の線といい、ら旋状を描いて限りなく極に近づくものであり、対数ら旋となる。子午線と赤道は大圏であるが、距等圏と同様に子午線と同一の角度で交わるから航程の線でもある。

２－３　方位と距離

航法では出発地から目的地まで、どちらの方向にどれだけの距離を何時間かけて飛行するかが問題となる。空中航法では方位と距離と時を航法の三要素という。

１．方位（Bearing）

観測者を通る子午線と、観測者と物標またはある地点を通る大圏とのなす角を方位という。物標が近距離の場合は観測者を通る子午線と、観測者と物標を結ぶ線とのなす角を方位という。方向が立体的（三次元）に使われるのに対して、方位は平面上の角度として用いられる。方位には、観測者を通る子午線即ち基準となる子午線の種類に応じて三種類あるが、磁方位（Magnetic Bearing）と羅方位（Compass Bearing）については後述する。子午線を基準とする方位を真方位（True Bearing：TB）という。

子午線の北極の方向を北（真北：True North）として、北を０°にして時計廻りに360°まで測る。北または南から東または西へ90°まで測ることもある。航法では方位は 360°方式で 010°、090°、270°のように３数字で表すのが一般的である。また、N（North）、E（East）、S（South）、W（West）を４方位といい、NE（Northeast）、SE（Southeast）、SW（Southwest）、NW（Northwest）を４隅位といい、併せて８方位という。16 方位までは知っておくべきである。

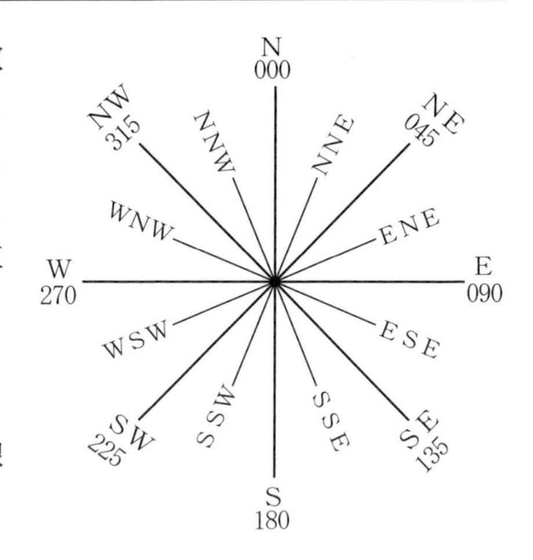

２．針路（Heading）

子午線と航空機の機首尾線のなす角で、子午線の種類で次の三種になる。

(1)　真針路（True Heading：TH）

子午線と航空機の機首尾線のなす角を真方位で表したものである。

(2)　磁針路（Magnetic Heading：MH）

磁気子午線と機首尾線のなす角を磁方位で表したものである。（後述）

(3)　羅針路（Compass heading：CH）

羅北と機首尾線のなす角を羅方位で表したものである。（後述）

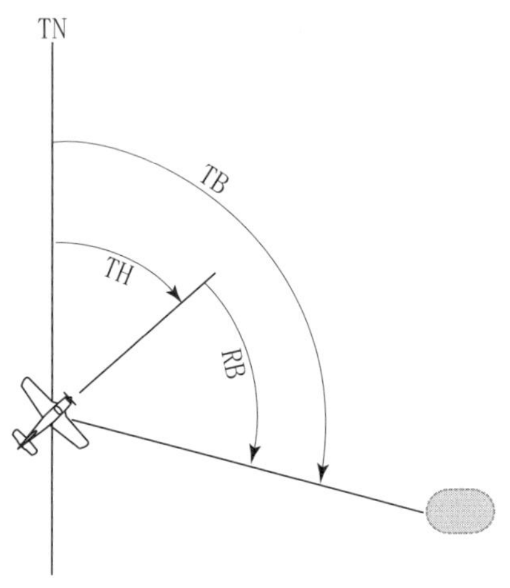

３．相対方位あるいは関係方位（Relative Bearing：RB）

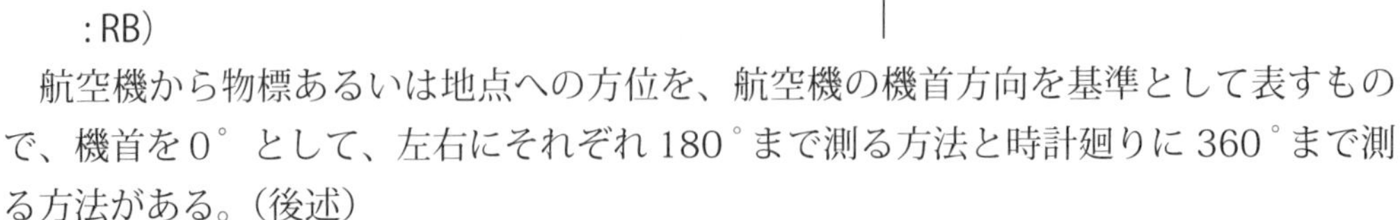

航空機から物標あるいは地点への方位を、航空機の機首方向を基準として表すもので、機首を0°として、左右にそれぞれ 180°まで測る方法と時計廻りに 360°まで測る方法がある。（後述）

４．航路あるいはコース（Course）

出発地から目的地までの飛行計画に用いられ、地表面に対する今後（未来）の飛行経路である。コースという用語には、地表面上あるいは航空図上で２地点を結ぶ線そのものを指すと共に、その線と子午線とのなす方位も含まれる。真方位で表された航路を真航路（True Course：TC）という。２地点の大圏上を結ぶと大圏航路となり、航程線上を結ぶと航程線航路となる。航程線航路の TC 即ち真方位は一定であり、大圏航路の TC 即ち真方位は変化していく。ただし、子午線と赤道は大圏であるから、南北のコースと赤道上における東西のコースは TC 一定の航程線航路であると共に大圏航路である。航路の方位を磁方位で表すと磁航路（Magnetic Course : MC）といい、羅方位で表すと羅航路（Compass Course）という。単にコースといえば、TC を指す。

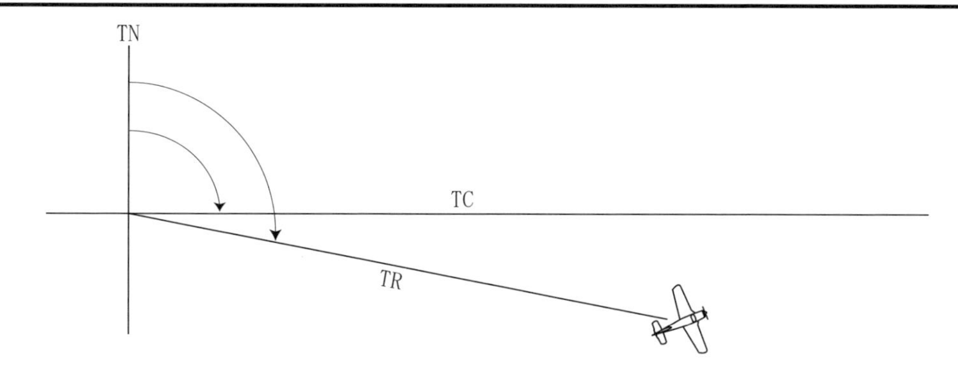

５．航跡（Track：TR）

航空機が飛行した地表上の軌跡であり、その軌跡と子午線との真方位で表される。航跡は地表上の軌跡即ち Ground Track であり、GT と略記すべきであるが、慣用として、単に Track とし、TR と略記する。針路とコースと航跡を区別して、使い分けることが空中航法における最も大切なことである。（第５章　風力三角形で詳述する）

６．浬あるいは海里（Nautical Mile：NM）

航法に用いられる長さの単位であり、その地における子午線の中心角１分の子午線の弧の長さをいう。または、その地における緯度の１分の地表上の長さである。角距離を長さの単位とすると、緯度は赤道または極からの距離であり、変緯は２地点の南北の距離を示す。30°　30′　Ｎの地は赤道から 30×60＋30＝1,830NM の距離にあり、地球を一周したときの距離は 360 × 60 ＝ 21,600NM になる。

７．国際浬（International Nautical Mile）

地球は回転楕円体であり、１浬は地理緯度１分に対する長さであり、緯度によって異なる長さになる。１浬の長さが緯度によって異なるとすると、速度や長さの基準としては不便である。そこで、国際的に１浬を 6,076.1 feet（1,852m）として、速度や長さの基準としている。これは、地球をその平均半径の真球とみなしたときの中心角１分に対する子午線の弧の長さに極めて近い値である。緯度の１分を１浬とした場合に、１国際浬との差は± 10m を越えることはない。航法においては誤差を無視して、あるいは地球を真球とみなして、緯度の１分を１浬として用いる。

８．ノット（Knot：kt）

航空機や船の速力を表す単位であり、１時間当たりの浬数で示す。150kt とは１時間に 150NM 進む速さであり、150NM/h とは普通表記しない。風速を表すときにも用いられる。この場合、1kt ＝ 1,852m/h ＝ 1,852m/3,600sec ≒ 0.5m/s とすると、10m/s の風速は 20kt 位の風速になる。

2－4　時

時（Time）は、地球自転の反映である天体の日周運動が規則正しく反復されるという前提によって測られてきた。基準の天体として太陽が日周運動を1回完了するのに要する時間を1太陽日（Solar Day）といい、基準の天体として春分点を採るときは1恒星日（Sidereal Day）という。

1．太陽時（Solar Time）

太陽が観測者の子午線に正中した瞬時を12時とし、これを正午といい、太陽が観測者の反対側の子午線に正中した瞬時を0時とし、正子という。目に見える太陽を基準とした時を視太陽時（Apparent Solar Time）略して視時（App.T）といい、この1日を1視太陽日（Apparent Solar Day）という。1視太陽日の長さは、地球の公転軌道が楕円であること等から、一定ではないので、一定の長さになるように、平均太陽（Mean Sun）という仮想の天体を基準とした時を用いて、等速で進む時刻系を制定した。これを平均太陽時 (Mean Solar Time）略して平時（Mean Time : MT）といい、この1日を1平均太陽日 (Mean Solar Day) という。平時と視時の差は17分を越えることはない。

2．地方時（Local Time）と経度時（Longitude in Time : L in T）

ある地点の子午線を基準として定めた時刻をその子午線の地方時といい、平均太陽を基準とした場合には地方平時（Local Mean Solar Time : LMT）という。特にグリニジ子午線の地方時をグリニジ時という。

太陽時の定義から、任意の2地点における時刻の差は両地の経度差に等しい。経度はグリニジから東西に0°から180°まで測り、これを時間で表すと0時から12時となる。あるいは360°で24時間となる。よって、経度の15°は時間の1時間に等しくなる。あるいは経差15°は1時間の差になる。

経度（経差）	15°	1°	1′
時間（時間差）	1時間	4分	4秒

経差を時間差で表したものを経度時（Longitude in Time:L in T）という。

東京（139°50′ E）と明石（135°E）の経度時を以下に示す。

経差	139°50′ E	経度時（4× 4分）＋（50× 4秒）
－）	135°00′ E	16分＋3分20秒
	4°50′	19分20秒

3．世界時（Universal Time : UT or GMT）及び 国際原子時（International Atomic Time : TAI）

グリニジ平時（Greenwich Mean Time）を世界時といい、航法の世界ではGMTを慣用している。航法以外ではUTあるいはUを世界時の略語として用いている。

ところで、平時は地球自転周期が一定との前提の上に作られた時刻系である。しかし、天体の観測結果や高精度の時を刻む原子時計との比較から、地球の自転は厳密には規則正しい反復現象ではなく、ふらつきのあることが分かってきた。即ち、世界時は一様の速さでは流れないことになる。そこで、地球の公転運動から定義された1秒が一様時の基本単位とされ、これをもとにした時刻系を暦表時として設定した。そして、セシウム原子と水素原子の振動数が極めて安定していることから、暦表時の1秒に対応する原子の振動数に要する時間を1秒とし、この秒によって積算される時刻系を国際原子時とした。

4．協定世界時（Coordinated Universal Time ： UTC）

一定の時を刻む国際原子時 TAI と一定とはいえない世界時 UT（GMT）との間には 2010 年の時点で 30 数秒の差が生じている。日常の社会生活は太陽と密接な関係を有しており、他方では厳密な時を求める分野もある。両者の橋渡しとして、UT とあまり差がなくて TAI と整数秒の違いを持つ協定世界時 UTC を設定した。一定の時を刻む UTC と一定ではない UT との間には時刻の差が生じることになるが、その差が ±0.9 秒を越えないように「うるう秒」を適宜追加あるいは削除して調整されている。UTC は原子振動に基づく原子時の秒を刻み、地球自転に基づく UT（GMT）の時刻との差が一定範囲内にあるように管理された人工的時系であるといえる。

うるう秒は UTC の 12 月、6 月 (第一優先)、3 月、9 月 (第二優先) の末日の最後の秒に対して1秒を追加または削除される。地球自転のふらつきは予測できない。

うるう秒の例を示す。

UTC　　　6/30　23h59m　　　7/1　0h0m
　　　　　SEC 57　58　59　60　0　1　2　3
UT（GMT）　6/30　23h59m
　　　　　SEC 56　57　58　59　0　1　2　3
（JST　7/1　08h59m）　　　（JST　7/1　09h0m）

UTC にうるう秒として 60 を追加することで、7/1 0h0m0s をもって UTC と UT が調整された。TAI と整数秒の差で一定の時を刻む UTC が、この場合遅れだした UT を待つために一歩足踏み（うるう秒）をしたことになる。うるう秒は調整であり、UTC と UT が同時刻になることを意味しない。

UTC は報時信号として、世界各地から標準電波等によって放送されている。日本では、JJY で親しまれた短波放送は廃止され、長波信号になった。発信局は2局あり、一つは福島県大鷹鳥谷山（おおたかどややま）で 40kHz、他は佐賀県の羽金山（はがねやま）で 60kHz である。

なお、時についての原語はフランス語であり、世界時は World Time：WT ではなくて Universal Time：UT であり、協定世界時は CWT または CUT ではなくて UTC となる。国際原子時（International Atomic Time）は TAI となる。

5．標準時（Standard Time）

日常生活は太陽の運行と密接な関係を持っている。地方平時をその地の時刻とすれば、時刻と太陽の関係は良好なものになる。しかしながら、経度時から経度1分の差は時間の4秒の差になる。東京付近で経度1分は東西の1,500mの距離に相当する。実際問題として、移動中のあるいは移動先の正確な地方平時をどのようにして入手するのかという問題が発生する。地方平時をその地の時刻とすることは社会生活に混乱を来すというよりは実現不能なことというべきものである。それよりは、一つの国や一つの地方で適当な区域を決めて特定の子午線に基準する時刻を用いたほうが実際的であり簡便である。このようにして定めた時刻をその国またはその地方の標準時という。標準子午線として15°の整数倍の経度の子午線を用いるが、例外的に7° 30′の子午線を用いる場合もある。従来、標準時とはその地域の標準子午線に対する地方平時のことであったが、協定世界時の導入に伴い、協定世界時に標準子午線の経度時を加減したものとなった。

よって、地方標準時＝協定世界時±標準子午線の経度時

（西経は－、東経は＋）

日本の標準時は協定世界時に9時間加えたものであり、本書では日本標準時（Japan Standard Time）を日本時とし、JSTと略記する。

JST ＝ UTC ＋9h

日本時としてテレビ、ラジオ、電話等で報じている時刻は総てこのJST即ちUTCに9時間加えた時刻である。

なお、航法における時刻は24時間制を用いて分単位で表す。時刻と時間の区別は次のようにしている。

日本時18時30分	1830JST（時刻）
3時間30分	3：30あるいは3＋30（時間）

6．時間計算

(1) 日本標準時1200JSTを東京（139°50′ E）と宮崎（131° 30′ E）の地方平時（LMT）に改める。

イ．東京

経差　139°50′ E
　－) 135°00′ E
　　　4°50′

（4 × 4m）＋（50 × 4s）＝19m20s

　12 h 00 m　　JST
＋)　　19 m 20s
　12 h 19 m 20s LMT

ロ．宮崎

経差　135° 00' E
　－) 131° 30' E
　　　3° 30' E

（3 × 4m）＋（30 × 4s）＝ 14m　経度時（L in T）

　　12 h 00 m　　JST
　－）　　14 m
　　11 h 46 m　　LMT

(2)　A 空港（35°　30′　N　140°　30′　E）の日没時刻が 18 時 30 分である場合、B 空港（35°　30′　N　130°　30′　E）の日没時刻を求めよ。

　緯度が同じである場合には、日出時、日没時は分単位であれば、経度時を加減して一方から他方を求めることができる。

　経差　140°　30′　E
　－）130°　30′　E
　　　10°　00′　　　　経度時　10× 4 ＝ 40 分

　B 空港は A 空港の西側にあるので、A 空港の日没時刻 18 時 30 分より遅くなる即ち 18 時 30 分以降となる。18 時 30 分＋ 40 分＝ 19 時 10 分となる。

第３章 航空図

地図は使う目的に応じて色々な種類に分けられる。船舶が航海に用いる地図を海図（Nautical Chart）といい、空中航法に用いる地図を航空図（Aeronautical Chart）という。

３－１ 地図の特徴

１．地図

地図とは、地球上の地形や地物をある約束に基づいて紙の上に図形として描かれたものであるという定義は電子地図の登場で、紙地図ということになった。紙地図に対して、電子地図とはデジタル化された地図情報とその他の情報をディスプレイ上に表示し使用するシステムの総称であり、カーナビの電子地図が代表的なものである。

地図は地表を縮小して表す必要があり、総てのものを地図上に書き込むことは不可能である。必要に応じて取捨選択が行われる。取り上げられた事象は記号化されると共に誇張化されることが多い。空中写真では発見することが困難な三角点や水準点が地図上に表記され、写真に写っているテニスコートが省略されている。誇張と省略は地図の宿命である。また、地球は球体であり、地球儀は地球を縮小したものといえるが、地図は球面（回転楕円面）である地表面を平面上に表現しなければならない。ミカンの皮をむいて、すきまがないように平らに広げることができないように、球面である地表を正しく平面上に表現することは不可能である。そこで、「地図は地表の不完全な再現者である」と言われる。

２．地図の図法

球体である地球においても、空港のような極めて狭い地域に限定すれば、そこは平面と見なすことができる。このような平面と見なし得るような地表部分に限定して、そこを地図として表した場合には、その地図は地表との関係を忠実に再現するものになっている。一方、ある広がりを持った地域は球面の一部であり、すでに述べたように球面である地表を平面に完全に再現することは不可能で必ず誤差が生じる。この誤差をできるだけ少なくして地球上（球面上）の地物の形や位置を平面上に移す方法として地図の図法（投影法）が考案されてきた。

(1)　投影面として平面を選び、これに直接投影する法がある。航空図に用いられるものとして、平面が極において接する平射図法（ステレオ図法）がある。この図法は、極を図の中心とし、緯度線は極を中心とする同心円、経度線は極から放射する直線となり、角度の大きさが正しく表されるように工夫されている。

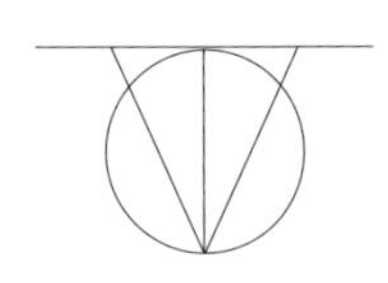

(2)　投影面として平面に展開できる面（可展面）を選び、これに投影する法で、代表的なものとして、円錐図法と円筒図法がある。航空図に用いられるものとして、円筒図法にはメルカトル図が、円錐図法にはランベルト図がある。

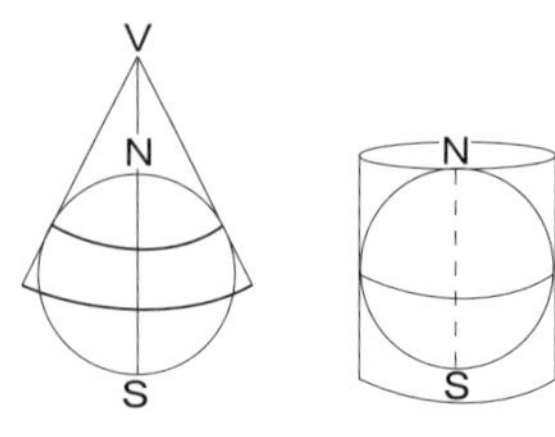

3．地図の縮尺

地図を投影（作製）するときに、地球を縮小した割合をその地図の縮尺という。縮尺 10 万分の 1 の地図は、5 万分の 1 の地図より小さな縮尺であり、50 万分の 1 の地図より大きな縮尺の地図となる。1/5 万＞ 1/10 万＞ 1/50 万

4．地図の歪み（ひずみ）

地図が本質的に内蔵している誤差は地図の歪みあるいは投影の歪曲と呼ばれる。これらは、長さの歪み 、角の歪み、面積の歪みの三つに分けられる。

(1)　長さの歪み

球面を平面に展開する場合、長さの伸縮は不可避であるから、地図には常に長さの歪みが存在する。

(2)　正角図法と正積図法

地図においては長さの歪みは避けがたいが、角の歪みと面積の歪みは工夫すれば避けることができる。地図上で測った角の大きさが、地球上でそれに対応する角の大きさと等しくなるような地図を作成することは可能である。このような地図は正角図といわれ、正角図を描くための投影法は正角図法といわれる。また、面積関係が正しく表現され、図上で二つの地域や国の面積を比較することのできる地図を正積図といい、この投影法を正積図法という。なお、正角図にして正積図という図法は存在しない。

3－2　航空図の要件

空には、陸のように目に見える道はない。そこで、出発地から目的地まで設定した経路に従って、進むべき方向（コース）と距離を地図上で測る必要がある。地図には理論上の正距図はないので、航空図には正角図を用いることになる。角度は二つの直線の交角を分度器で測ることで得られる。航法においては子午線との角度（方位）が

求められることから、二つの直線のうちの一つは子午線となる。もう一つは飛行経路に沿って引かれたコースとしての直線になる。これらから、航空図に求められる要件は次の３点になる。

(1)　正角図であること

(2)　子午線が直線であり、コースとしての直線が航法上意味のあるもの（大圏あるいは航程線等）であること

(3)　直線上の距離が測れること

３－３　メルカトル図（Mercator's Projection）

海図に用いられ、低緯度から中緯度において航程線航法に適している。メルカトル図には以下の特徴がある。

(1)　赤道で接する正軸円筒図法を正角図にしたものである。子午線（経度線）は直線で互いに平行であり、距等圏（緯度線）は直線で子午線と直交する。

(2)　緯度の間隔は緯度が高くなるほど大きくなる。緯度 ϕ における拡大率は $\sec\phi$ となり、子午線が平行であることからも極を表すことはできない。

(3)　子午線が平行であることから、メルカトル図の直線は航程線になる。

(4)　子午線と赤道以外の大圏は極側に膨らんだ曲線になる。

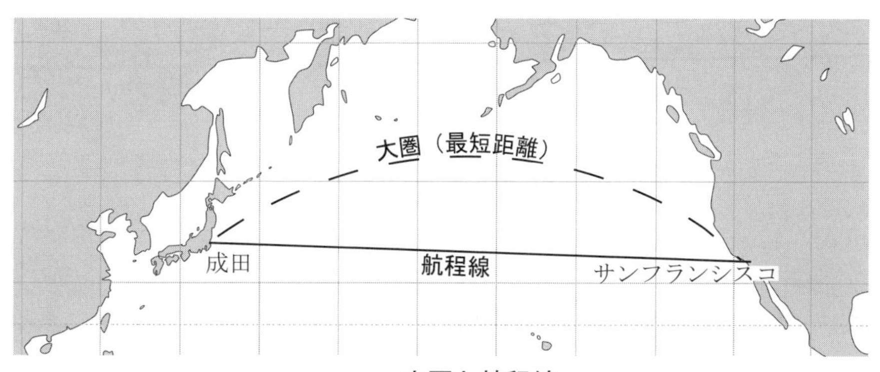

大圏と航程線

（例題）メルカトル図について誤りはどれか。

(1)　航程線は直線になる。

(2)　２地点間の直線距離は最短距離となる。

(3)　正軸円筒図法を正角図にしたものである。

(4)　緯度幅は緯度が高くなるにしたがって漸長されている。

（解法）　平面上においては２地点間の直線距離は最短距離となるが、球面上における最短距離は大圏となる。メルカトル図における直線は航程線であり、大圏より距離は長くなる。平行でない子午線を平行にしたことから、緯度の間隔も経度の倍率と

同じ倍率で長くすることで正角図となっている。倍率は緯度の secant である。

正解　(2)　（誤りであるから）

3－4　ランベルト航空図

ドイツの数学者ランベルトが考案した二標準緯線の正角円錐図法（Lambert's conformal conic projection with two standard parallels）の航空図をランベルト航空図という。基本円錐投影は一本の標準緯線に接する正軸円錐に光源を中心において投影したものであり、標準緯線の付近では歪曲が極めて小さく、標準緯線を離れるにつれて歪曲が大きくなる。そこで、二本の標準緯線で接する正軸円錐図の正角図法を考案した。

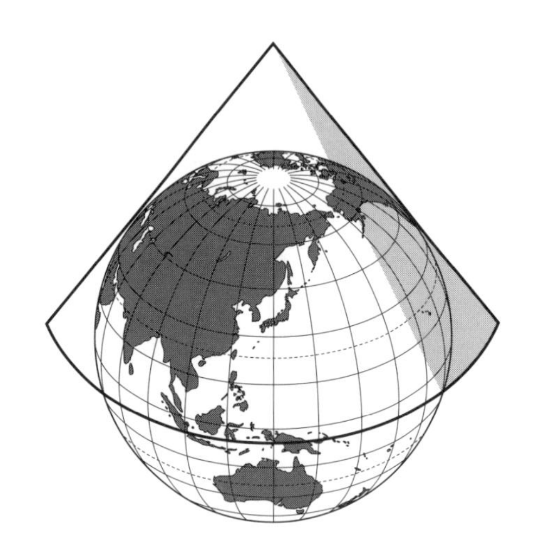
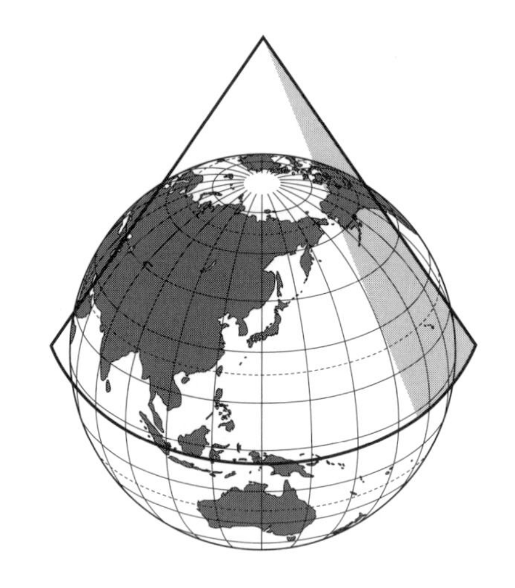

二本の標準緯線に挟まれた所では歪曲は小さく、標準緯線の外側では離れるに従って歪曲は次第に大きくなる。ランベルト航空図は利用する範囲に従って適切な二本の標準緯線を設定することによって、歪曲を小さなものとして作製使用することができる。二本の標準緯線で挟まれた所では二標準緯線の中分緯線において最も縮小されている。

1．ランベルト航空図の特徴

以下のようになる。

(1)　子午線は円錐の頂点からの放射状の直線になる。

(2)　各距等圏（緯度線）は円錐の頂点を中心とする同心円になる。

(3)　子午線と距等圏は直交する。

(4)　直線は大圏と見なして実用上差し支えない。

(5)　距離の歪みが小さく、一定尺と見なして実用上差し支えない。直線上の距離を測定すれば、その距離は大圏距離と見なして実用上差し支えない。

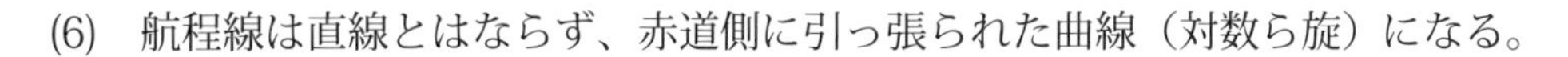

(6)　航程線は直線とはならず、赤道側に引っ張られた曲線（対数ら旋）になる。

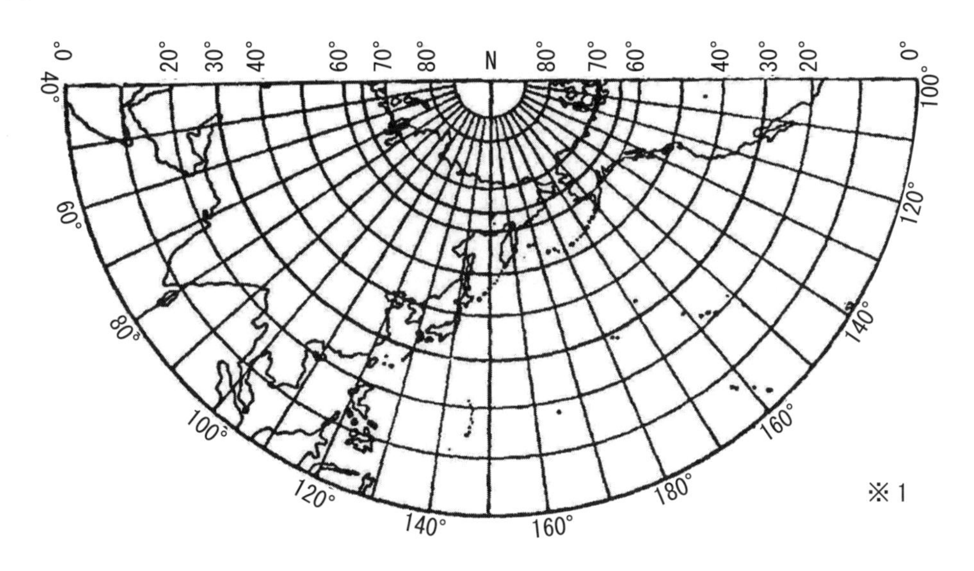

２．ランベルト航空図使用上の留意事項

(1)　地点のプロットや読みとりに注意を要する。

(2)　直線が大圏に近いことから、測定した距離は大圏距離に近いものになる。中分緯度で最も縮小されていることから、コースが南北に長い時には、安易に中分緯度の緯度目盛りで距離を測定すると、結果として実際の距離より大きい距離を測定したことになる。

(3)　ランベルト航空図上で航程線コースの TC を測定するときは、コースの中分子午線もしくは中間付近の子午線を用いること。

３．ランベルト航空図の適用範囲

(1)　低緯度にはメルカトル図という優れた図があり、極地方には極地航法に適した極図があり、中高緯度地方の図として適用範囲は広い。低緯度地方でも使えるものであり、電波は大圏上を伝搬するので、無線航法に適している。単に航空図といえば、ランベルト航空図を指すぐらいである。

(2)　距離誤差が小さく、直線が大圏に近いことから、長距離大圏コースに用いられる。

第4章
チャートプロッティング

チャート上に航法上の要素を記入することをプロッティング（Plotting）という。プロッティングにはプロッターとデバイダーを用いる。

4－1　プロッターとデバイダー

1．プロッター

直定規の部分と分度器の部分から構成される。航空図上にコースとしての直線を引き、そのコースの方位を測定するのに用いる。また、距離尺が付いており、ランベルト航空図で距離を測定するときに用いるが、設定された標準緯線によって若干の違いが生じるので、注意を要する。

分度器の部分は子午線から時計回り（右回り）に 360° 方式で方位が測定できるように、方位目盛りは反時計方向に刻まれている。その上に、方位目盛りは半円部分に互いに反方位となる方位目盛りが記入してあるので、反方位を読まないように注意すべきである。

2．デバイダー

デバイダーは距離を測るのに用いられる。また、航空図上の２地点において線を引かないで結ぶことができる。

4－2　ランベルト図のプロッティング

航空図として、区分航空図関東・甲信越、同九州又は航空路図のいずれかがあればよい。無ければ無理に用意する必要はない。試験に航空図の持ち込みは禁止されているから。

1．地点のプロット

(1)　子午線は放射状の直線であり、平行ではないので、先ず、経度を決めることになる。地点を挟む距等圏上の上下の経度目盛をプロッターに合わせる。

(2)　プロッターを固定しておいて、デバイダーで緯度の分目盛を合わせて、整数度の所からプロッターに沿わせてデバイダーで穴を開ける。穴を中心に 1 cm の＋をつける。

(3)　デバイダーでつけた穴は見失いやすいので、上記 (1) で経度を合わせた時に緯度目盛りから推定して、先に鉛筆で 1 cm 程度の線を引いておく。デバイダーで緯度目盛りを採って、所要の緯度目盛りを指しているデバイダーの先端を固定しておいてプロッターを先に引いた線に直角に当てて、 1 cm 程度の線を引けばよい。

（例題）　35°　25′　N　139°　40′　E の地点または 32°　25′　N　131°　40′　E をプロットせよ。

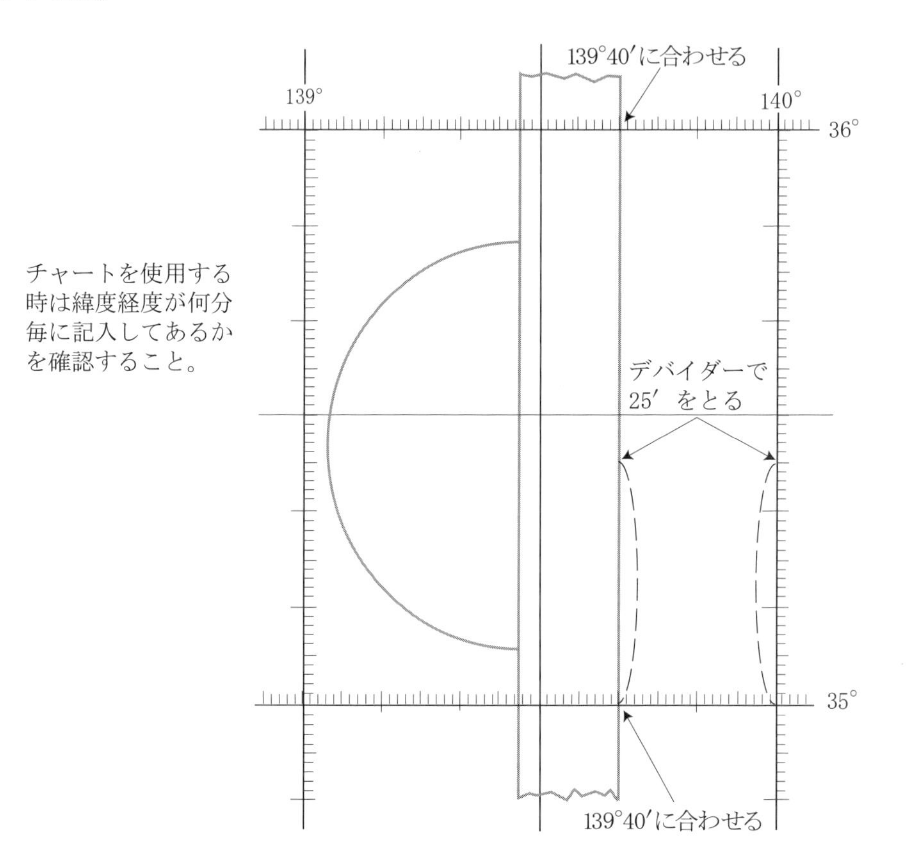

2．航路（コース）の測定法

ランベルト図において、A 点と B 点を直線で結ぶとこの直線は大圏とみなされるが、200 浬未満の距離では大圏と航程線のズレはほとんど無いものとみなしてよく、ランベルト図に直線を引いて、針路一定の航程線航法を行っても何ら問題はない。そこで、A 点と B 点の中分子午線もしくは中間付近の子午線で測定した方位を TC として飛行することになる。

(1)　両地点に定規の縁を合わせて、中分子午線もしくは中間付近の子午線にプロッターの中心環の中央が一致するまで、両地点にプロッターを一致させたまま滑らせて、当該子午線で方位目盛りの方位を読む。

(2)　目盛りを読む時に、反方位を読まないように注意しなければならない。防止策として、出発地から目的地までの概略の方位を予測して、TC を読むように習慣づけておくことである。プロッターの方位目盛りに記入してある矢印はこのミスの防止策ではあるが、方位目盛りを上下に逆にして使用する時には矢印の反対になるので、この矢印は無視したほうがよい。

(3)　コースが南北に近い時は、プロッターを滑らせても、子午線に中心環が合わせにくいときがある。この時は、中心環を距等圏（緯度線）に合わせて内側の目盛り（南北の目盛り）を平行圏で読めばよい。内側目盛りは外側目盛りと 90°ずらして目盛ってある。

（例題）　36°37' N　139°30' E から 36°49' N　138°30' E への TC 及び三宅島 VORDME（島の北西）から横須賀 VORDME への TC または長崎空港から宮崎空港への TC を測定せよ。

（解法）

1)　36°37' N　139°30' E から 36°49' N　138°30' E への TC は中間子午線として 139°E を使用し、西向きなので 270°以上と推定する。280°と 290°の間なので 284°と読む。296°と間違わないように注意すること。TC284°

2)　横須賀 VORDME へは北向きであり、南北の目盛りを使用する。TC003°

3)　宮崎空港へは東向きなので 120°と 130°の間で 128.5°と読む。TC128.5°

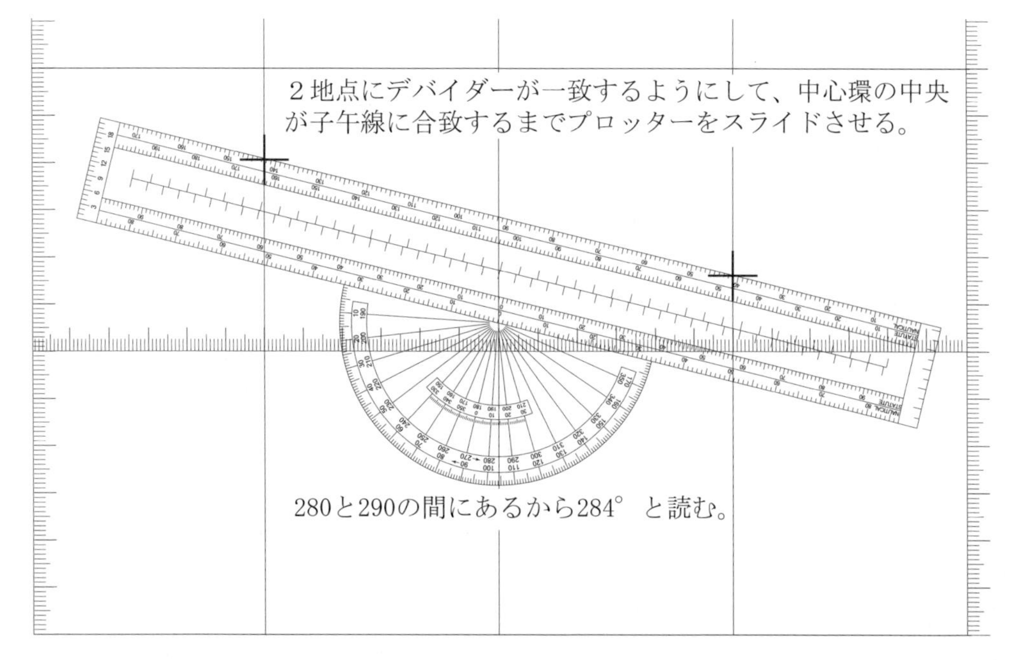

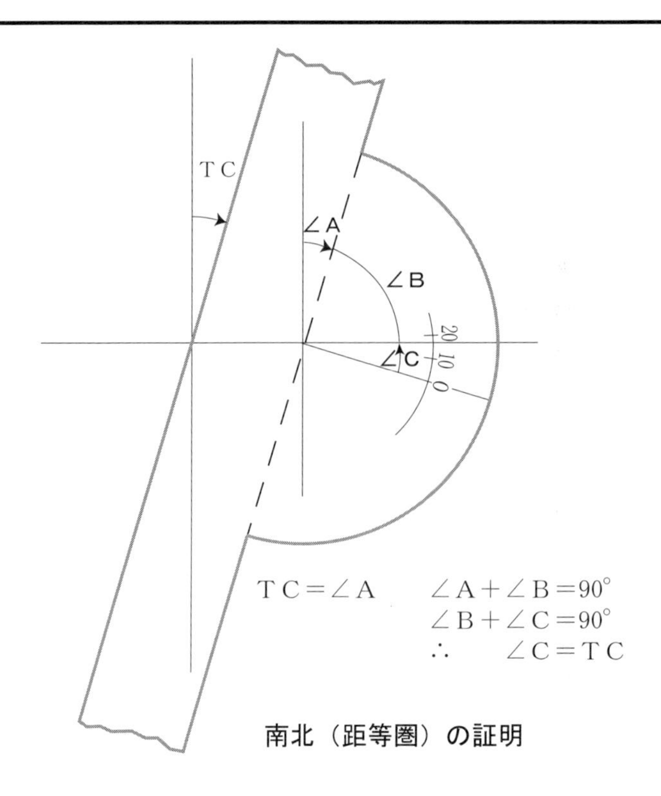

南北（距等圏）の証明

3．距離の測定

ランベルト図においては距離が一定であると見なしてよい。プロッターに刻んである距離尺を用いてもよく、デバイダーで緯度目盛りを用いて測定してもよい。ただ、デバイダーの間隔は狭いので、デバイダーを数回転させて使用するのであれば、プロッターの距離尺を用いた方がよい。

（例題）38° N　141° Eから新潟VORTACに至る距離又は長崎空港から宮崎空港に至る距離を測定せよ。

（解法）

1)　新潟VORTACに至る距離はプロッターの距離尺を用いて89浬

2)　宮崎空港 に至る距離はプロッターの距離尺を用いて99浬

＊プロッターの1/50万の距離尺は1目盛りが0.5浬であるから注意すること。

4－3　メルカトル図とランベルト図

メルカトル図における航路の測定は、子午線が平行であることから、どの子午線で測定してもよく、距離の測定は、緯度目盛りが漸長されているので、2地点の中分緯度付近にある緯度目盛りで測定するのがよい。

（例題）　航路及び距離の測定で最も正確にできるものはどれか。

(1)　ランバート図での航路の測定は中分子午線で測定し、距離はどの子午線のどの緯度を使用してもよい。

(2)　ランバート図での航路の測定は中分子午線で測定し、距離は中分緯度付近を使用するのがよい。

(3)　メルカトル図での航路及び距離の測定はどの子午線で測定してもよい。

(4)　メルカトル図での航路及び距離の測定は中分緯度線で測定するのがよい。

(解法)

1)　ランベルト（ランバート）図では、航程線航法の TC を測定する時は中間付近の子午線で測定する。航空図の子午線は整数度と 30 分（20 分）の経度に引かれていることから、算術平均である中分子午線が航空図の子午線と一致することは稀なことであり、中間付近の子午線で測定することになるのが一般的である。鉛筆等で中分子午線を引いて測定しても、中間付近の子午線で測定しても精度としての差は無いものとしてよい。

2)　距離の測定は、実用上一定尺とみなして測定して差し支えない。二標準緯線の中分緯度では最も縮小されており、この緯度目盛りを任意の 2 地点間の距離測定に用いるのは好ましくない。2 地点の中間地点付近の緯度目盛りを用いるのは悪くはない。

3)　メルカトル（メルカトール、マケーター）図での航路の測定はどの子午線で測定してもよい。距離の測定は 2 地点の中間付近の緯度目盛りを用いる。

4)　(1)(3)(4) は誤りである。(2) は後半の「 距離は中分緯度付近 」を 2 地点の中間緯度付近とすれば正解となる。

5)　ランベルト航空図を使用して行う航法に用いる距離の精度で 0.5 浬未満の精度は求めても無意味であり、プロッターの距離尺に刻まれている距離で十分精度は満たされていると思われる。

第5章 風力三角形

航法の基本となるものであり、飛行中の風力三角形と計画の風力三角形の二つがあり、よく理解し、使い分けられるようになってほしい。

5－1　飛行中の風の影響

航空機は空気に浮いて飛行している。船が水に浮いて航行しているのと同じである。川の中を対岸に向かって進んでいる船は船首の向いている方向と船体の進んでいく方向は異なっており、水の流れの全量を受けて川下側に流されていく。向いている方向と進んでいく方向が異なっている。航空機も全く同じであり、空気の動き即ち風の全量を受けて、風下側に流されていくことになる。機首の向いている方向（針路）に対して、地上に対する軌跡（航跡）は常に風下側にあることになる。風は本来三次元の動きをするが、航法では水平成分だけを取り扱うことになる。さらに、風だけが方向は吹いてくる方を指し、北風といえば北から南に動いていく空気の流れをいう。風だけフロム（from）と銘記しておいてほしい。

航空機の空気に対する動きは針路（True Heading：TH）と真対気速度（空気に対する速度、True Air Speed：TAS）で、地表に対する動きはTR（Track）とGS（Ground Speed）で、風もWD（Wind Direction）とWS（Wind Speed）で表示する。

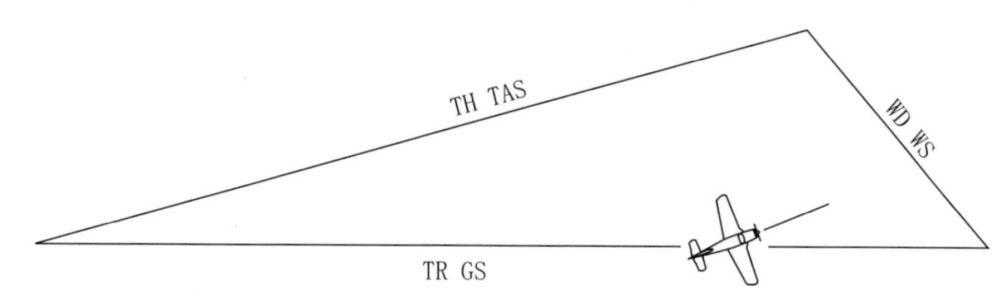

一般的にはTHとTASを対気ベクトル、TRとGSを対地ベクトル、WDとWSを風ベクトルと称する。これらのベクトルの三角形を風力三角形（Wind Triangle）という。注意しておきたいのは、本来ベクトルとは方向と大きさであり、風力三角形に使われているのは速度であることから、１時間あたりの距離に直してベクトルの三角形を描

いていることになる。30分（10分でも1分でも同じ）の距離で描いても相似三角形となって同じ結果が得られる。

航空機はTHの方向を向いて、風に流されて風下側のTR上を飛行していくことになる。向いている方向と飛んでいく方向が違うことになる。決して三角形を描いて飛行しているわけではなく、頭の中で三角形を描いて飛行してほしい。風が一定であれば、TRとGSも一定であり、航法は簡単なものになるが、実際の風は、高度、地域、時刻によって、まさしく時々刻々変化するものであり、TRとGSは流動的であり、その上に風の変化をつかみきれないところに航法の難しさがある。そうはいっても、風が30ktで吹いていれば、航空機の種類やその速度に関係なく、1時間後には30浬だけ風下側にいることになる。速度の大小によって、流される割合が違うが、流される量そのものは変わらない。大型機であろうと小型機であろうと。

5－2　飛行中の風力三角形

飛行中においては、パイロットは磁気羅針儀と速度計からTHとTASが分かるので、風のWDとWSが分かれば、TRとGSが求められることになる。あるいは、航空機の位置を測定することでTRとGSを算出し、それを基に風のWDとWSを求めることができる。この時の風力三角形を飛行中の風力三角形という。この三角形におけるTHとTRの成す角度を偏流角（Drift Angle：DA）という。

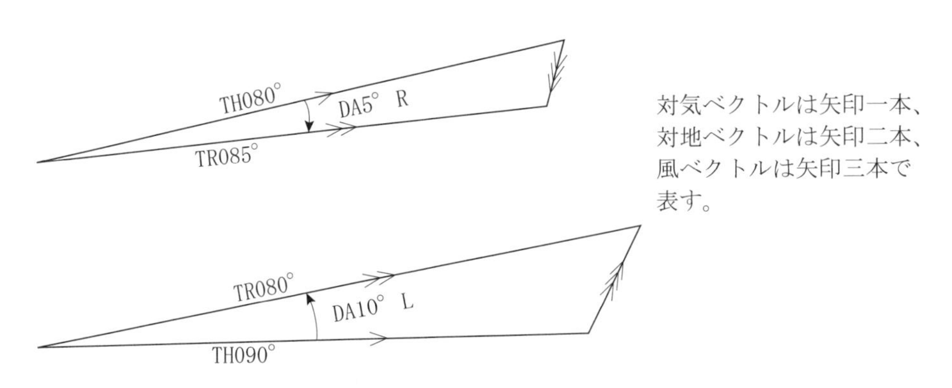

THを基準としてTRが右にあれば右偏流（Right：R）、TRが左にあれば左偏流（Left：L）といい、角度でもって表す。例えば、右に5°流されていれば、5°R、左に10°流されていれば、10°Lと表す。DAはTHを基準にして右と左というように表すことを理解しておくこと。

5－3　計画の風力三角形

飛行する場合に、出発地と途中の通過地点と目的地を航空図上において直線で結んで、飛行コースを決めてTCを測定することになる。コース上を飛行するために風に流される分、風上側に針路を向けることになる。このTHを決めること及び予想の対地速度（Predicted Ground Speed：PGS）を求める三角形を計画の風力三角形という。この三角形ではTCからTHへの角度を偏流修正角（Wind Correction Angle： WCA）といい、TCから右に修正する角度を（＋）修正角、TCから左に修正する角度を（－）修正角という。Right：RとLeft：LのRとLで修正角を表す方法もあるが、本書では＋－を採用する。TC270°でTH280°であれば、WCA＋10°という。

TCにWCAを＋－すれば、THがでることを銘記すること。

計画の風力三角形では

(1)　TCは自分で決めて航空図上で測定する。

(2)　風は予想の風を使う。もしくは算出した風を今後も吹くものとして使う。

(3)　TASは予定のTASを使う。

ということであり、飛行中の風力三角形と異なり、TCからTHとPGSを算出するワンパターンになる。

5－4　飛行中の風力三角形の作図解法

飛行中の風力三角形においては、飛行していることから、THとTASは分かっている。もし、風のWD/WSが分かれば、TRとGSを求めることができる。また、航空機の位置を出すことによって、TRとGSが分かれば、風のWD/WSを求めることができる。求め方は、作図による場合と航法計算盤を用いる二通りがある。

作図による場合はプロッターとデバイダーを使用して次のようにする。

(1)　THとTASの対気ベクトルとWD/WSの風ベクトルからベクトルの三角形の和として、TRとGSの対地ベクトルが求まる。

(2)　THとTASの対気ベクトルとTRとGSの対地ベクトルからベクトルの三角形の差として、WD/WSの風ベクトルが求まる。

(3)　方眼紙を用いて作図する場合には、方眼紙をチャートにする。縦の線を子午線として方位測定の基準にし、一定尺として1mmを1浬として用いるとよい。

（例題1）　TH280°　TAS130ktで飛行中の航空機が、350°　30ktの風を受けている。方眼紙上で作図によりTRとGSを求めよ。また、偏流角は何度か。

（解法）

1)　P点（Plane）を決めて、P点からプロッターで280°の直線を引く。デバイダーで130mmの間隔を採り、一端をP点に置いて280°の直線上に他端を置いて、これをW点（Wind）とする。PWが対気ベクトルになる。

2)　W点から350°（線を引く方向は170°風だけfrom）30mmの点をE点（Earth）とする。WEが風ベクトルになる。

3)　PEを結んだ線が対地ベクトルであり、プロッターで測定した方位がTRに、デバイダーで測定した距離がGSになる。TR267°　GS124ktが求まる。

4)　偏流角は TH から左へ 13°であるから、DA13° L となる。

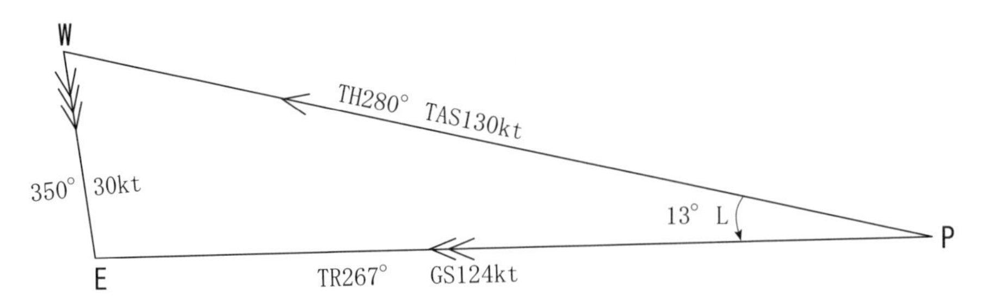

（例題２） TH130° TAS140kt で飛行中の航空機が、航空図上の物標により位置を求めて、TR145° GS156kt で飛行していることが判明した。この間の風を作図により求めよ。また、偏流角は何度になるか。

＊このようにして求めた風を平均風（Average Wind）という。ウインドスター（後述）で求めた風は地点風（Spot Wind）という。

（解法）

1)　P 点を決め、P 点から 130° 140mm の点を W 点とする。PW が対気ベクトルになる。

2)　P 点から 145° 156mm の点を E 点として、対地ベクトル PE が決まる。

3)　WE を結ぶと風ベクトルになる。WE の方位と距離は 025° 42mm となり、WD 025° WS42kt になる。偏流角は 15° R になる。

4)　風は常に W から E へ吹いており、風の方位を読むときは from になる。

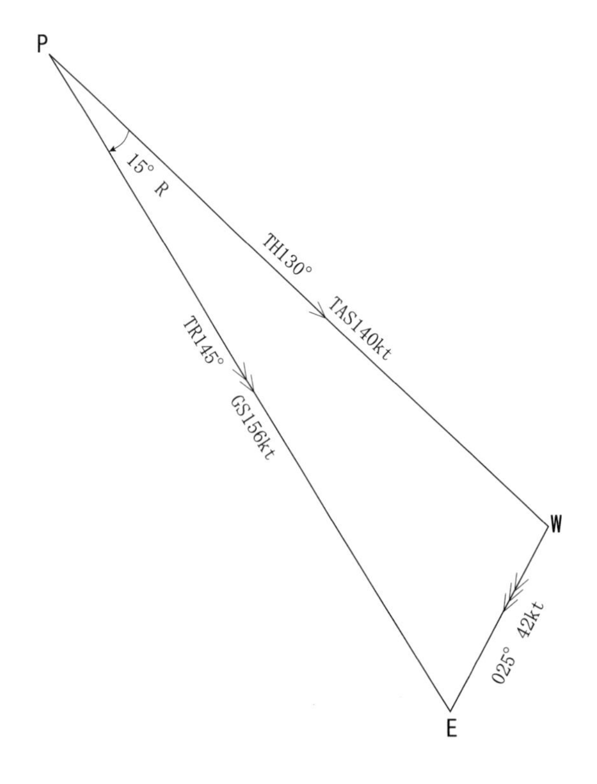

5－5　計画の風力三角形の作図解法

計画の風力三角形については、分かっているものは飛ぶことになっているTCと予想の風WD/WSと航空機の性能から予定されているTASの4要素であり、これらを用いてTHとPGSを求めることになる。対気ベクトルも対地ベクトルも片方しか分かっておらず、不完全なものであり、飛行中の風力三角形のようにPWEの三角形を描くことはできない。工夫がいる。TCが分かっていることから、PEのP点とTCの方位からTCとしての直線を描くことができる。風とTASが分かっているので次のようにして、作図する。

(1)　出発点をP点として、P点からTCとしての直線を引く。そして、P点から予想の風を吹き出してW'とする。

(2)　W'からTASの長さでTCを切る点をEとすると、W' Eの方位がTHであり、PEの長さがPGSになる。

(3)　△PEW'と△PWEは合同の三角形である。WCAは∠WPEとなる。

(4)　△PWEを表三角形、△PEW'を裏三角形という呼び方をすることもある。

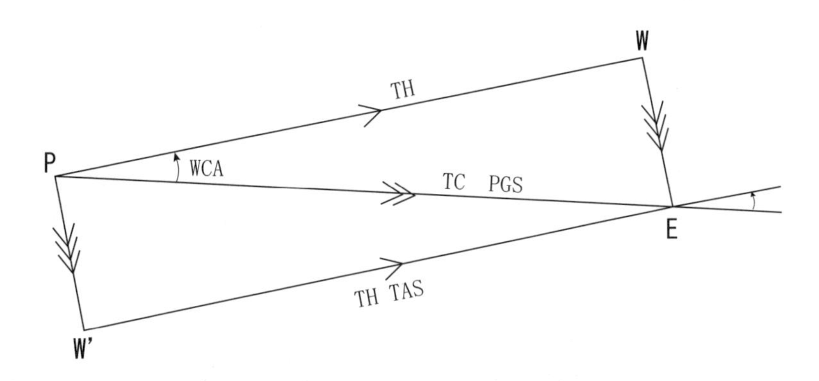

（例題）　予想の風080°　30ktの時、TC150°をTAS134ktで飛行する航空機のTHとPGSを求めよ。また、WCAは何度になるか。

（解法）

1)　P点を決めて、TC150°に線を引く。P点からプロッターで260°（風の080°）に線を引き、デバイダーで30mmの点を求める。P点から予想の風080°　30ktを吹き出してW'点をプロットしたことになる。

2)　デバイダーで134mmの間隔を採る。W'点にデバイダーの一端を置いて他端をTC上に置く。この点がE点になる。W'からTASの長さでTCを切ることになる。W' Eの方位がTH138°に、PEの長さがPGS121ktになる。

3)　TC150°とTH138°からWCAは－12°になる。

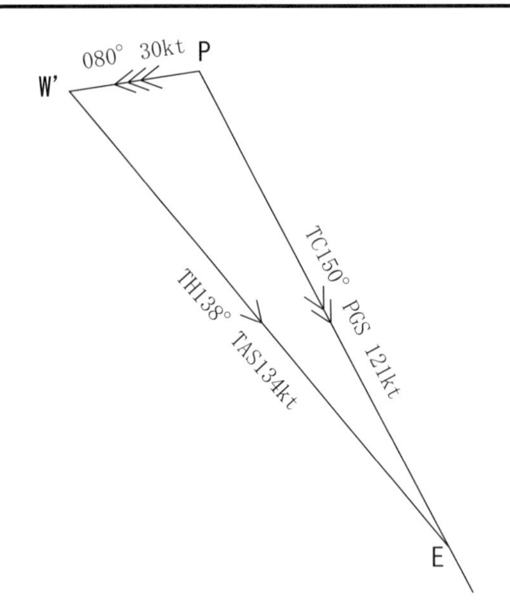

5－6　作図板の説明

航法計算盤（Navigation Computer）と呼んでいるものは、厳密に言えば計算尺に相当するものがコンピュータで、その裏が作図板である。

作図板はベクトルの作図をして、風力三角形の解法に用いる。飛行中のコクピットの中で風力三角形を方眼紙等の作図で解くことは現実的ではない。そこで、作図板を用いて、簡単に風力三角形を解くことができる。本書では、コンサイスインターナショナル社の AIR NAVIGATION COMPUTER MODEL AN － 2を用いて説明をする。

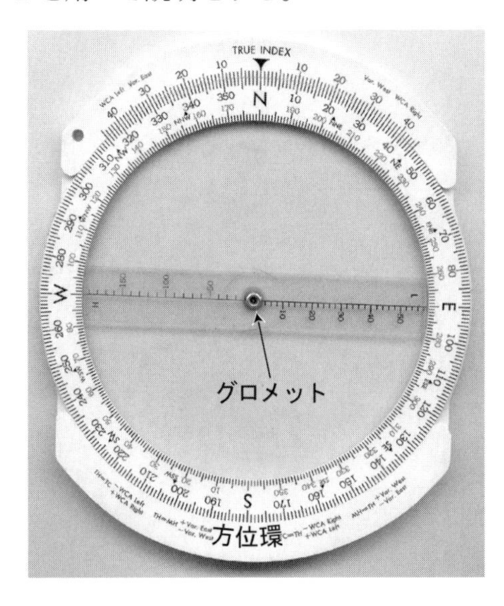

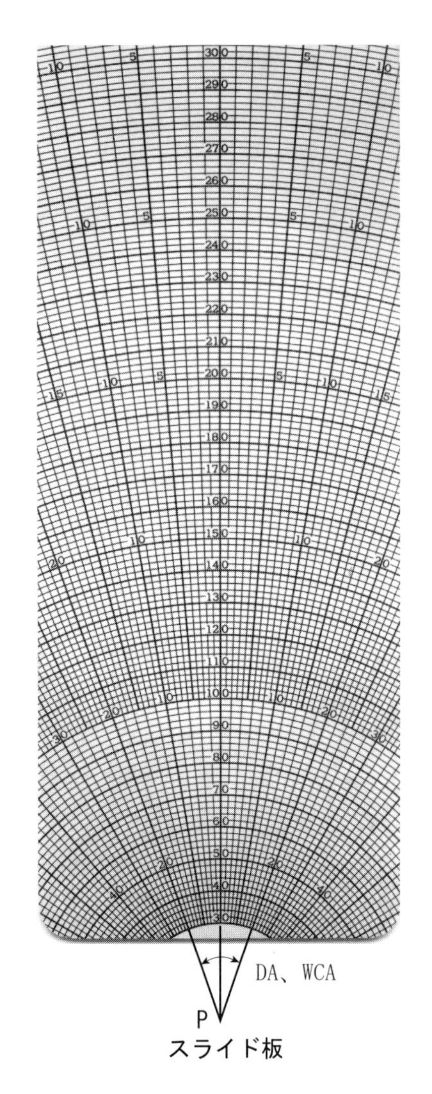

作図板は回転する方位環と上下に滑るスライド板から成っている。回転する方位環の中心をグロメット（Grommet：鳩目）といい、TASを調定する時と、PGSになる時とがある。方位環の外目盛りの中央にはTRUE INDEXの矢印（以降TIと略記する）が記入してある。ここには機首のTHを調定することもあれば、コースのTCを調定することもある。THとTASを調定すれば飛行中の風力三角形に、TCとPGSを調定すれば計画の風力三角形になり、使い分けることになる。スライド板には、ある基点からの放射状の線と、その点を中心とした同心円が記入してある。基点はスライド板の外側になるが、これは風力三角形を作図する時のP点になる。同心円はP点からの速度を表し、放射状の線は飛行中の風力三角形の時は偏流角を、計画の風力三角形の時は偏流修正角を表す。スライド板の裏側には緑の放射状の線と同心円が描かれている。速度目盛りを見れば分かるように、高速機に対応している。下部の方眼目盛りは三角関数の解法に用いる。（後述）

５－７　飛行中の風力三角形の作図板解法

風力三角形のPWEを描くことになる。航法計算盤AN―２を用いて解説する。方位目盛りとして黒字の目盛りを用いる。赤字の目盛りは本書では用いない。航法計算盤に添付してある説明書では航法計算盤（ベクトル計算面）において黒と赤の方位を使い分けているが、誤解を生じやすいので、黒字の方位目盛りのみを用いる。

AN－２は、AN－１にグロメットを中心に回転するカーソルの風目盛りを付け加えたものである。TIにTHを合わせ、グロメットにTASを合わせる。対気ベクトルPWを描いたことになる。風はWEであり、グロメットをW点とし、吹き出しにE点をカーソルの風目盛り（黒字のスケール）から読み出す。PEが対地ベクトルになる。E点が位置する放射状の線から偏流角が読みとれ、E点が位置する同心円からGSが読みとれる。

TRとGSが判明して、風を出す場合には、TIにTHを合わせ、グロメットにTASを合わせる。対気ベクトルPWを描いたことになる。対地ベクトルはTRとGSが分かっているので、THとTRから偏流角を出して、その偏流角に該当する放射状の線とGSに該当する同心円との交点がE点になるので、カーソルの黒字線を交点に合わせて、風目盛りから風速WSを読みとる。カーソルの緑線の延長上にある方位環の方位が風向WDになる。

（例題１）　TH350°　TAS150ktで飛行中の航空機が、285°　32ktの風を受けている時のTRとGSを求めよ。

（解法）

1)　TIにTH350°を合わせ、グロメットをW点としてスライド板の同心円から

TAS150kt を合わせる。スライド板の外の P 点から TH350°　TAS150kt のベクトルを作図したことになる。

2)　カーソルの緑線を方位 285°（赤字の方位 105°）に合わせる。カーソルの風目盛り 32 を確認する。風ベクトル WE の 285°　32kt を作図したことになる。

3)　カーソルの風目盛り 32 は E 点であり、同心円の速度線 140 と放射状の線 12 の上に位置していることが読み取れる。

4)　速度線 140 から対地ベクトル PE の速度即ち GS140kt になる。

5)　放射状の線は偏流角を示すから、偏流角 12°　R を得ることができる。TH に偏流角を足して TR を計算できるが、機上では暗算を避けた方がよいので、TI の左右に付いている度数目盛りを利用して 12°　R の目盛りの下に対応する方位目盛りから TR002°が得られる。

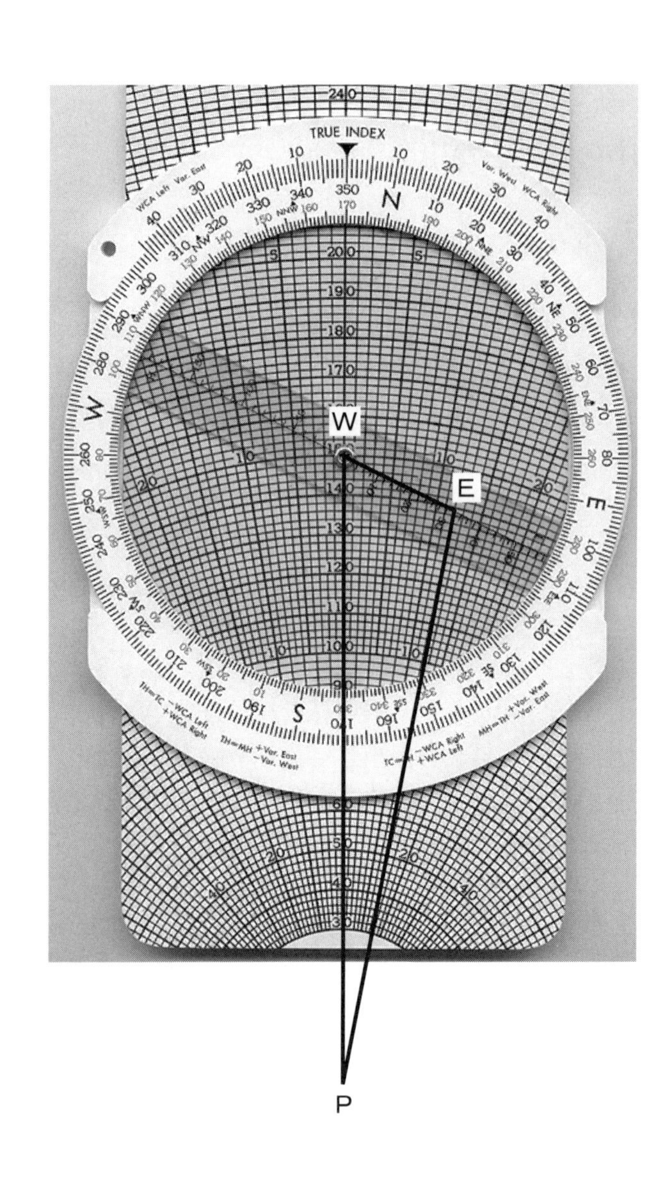

（例題２）　TH260°　TAS160kt で飛行中の航空機が、GPS で求めた位置から、TR253°　GS182kt で飛行してきたことが分かった。風を求めよ。

（解法）

1)　TI に TH260°を、グロメットに TAS160kt を合わせる。対気ベクトル PW を作図したことになる。

2)　方位環上の TR253°から DA が７°L であることが分かる。７°L の放射線上で、速度線 182kt の同心円上の交点にカーソルの黒線を一致させる。E 点であり、対地ベクトル PE を作図したことになる。風目盛り 30 に一致している。

3)　WE が風向風速であり、カーソルの緑線を延長して合致した黒字の方位 033°が WD であり、風目盛り 30 が WS の 30kt である。

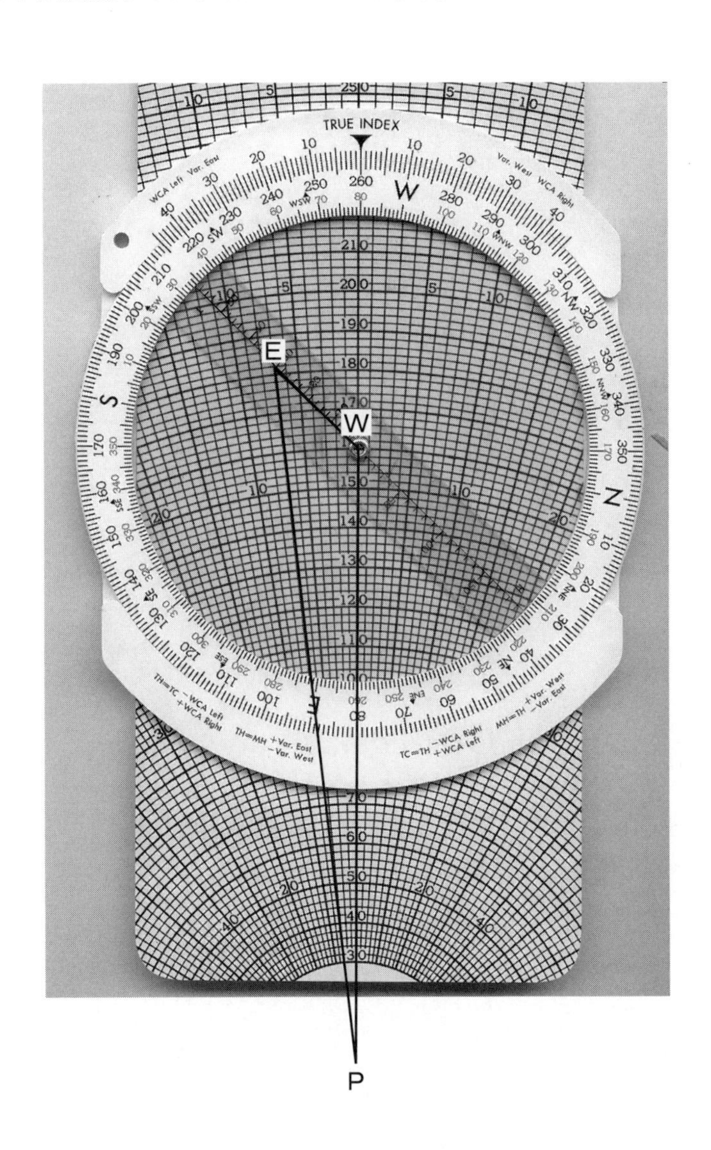

P

飛行中の風力三角形においては、TI に TH を合わせ、グロメットに TAS を合わせる。グロメットはW点であり、例題 1 のように、風が分かっていれば、風ベクトル WE の E 点から対地ベクトル PE が出るので、DA から TR を速度線の同心円の大きさから GS を出すことになる。例題 2 のように、TR と GS が分かれば、対地ベクトル PE の E 点から風ベクトル WE が分かることになる。作図板の基本原理は、図に示すように方位環の方位は常に真北を基準として示しており、TI を TH に合わせていくことになる。例題 1 は TI に 350° を、例題 2 は TI に 260° を合わせている。作図で作った風力三角形 PWE と全く同じ風力三角形を作図板で描いていることをよく理解してもらいたい。

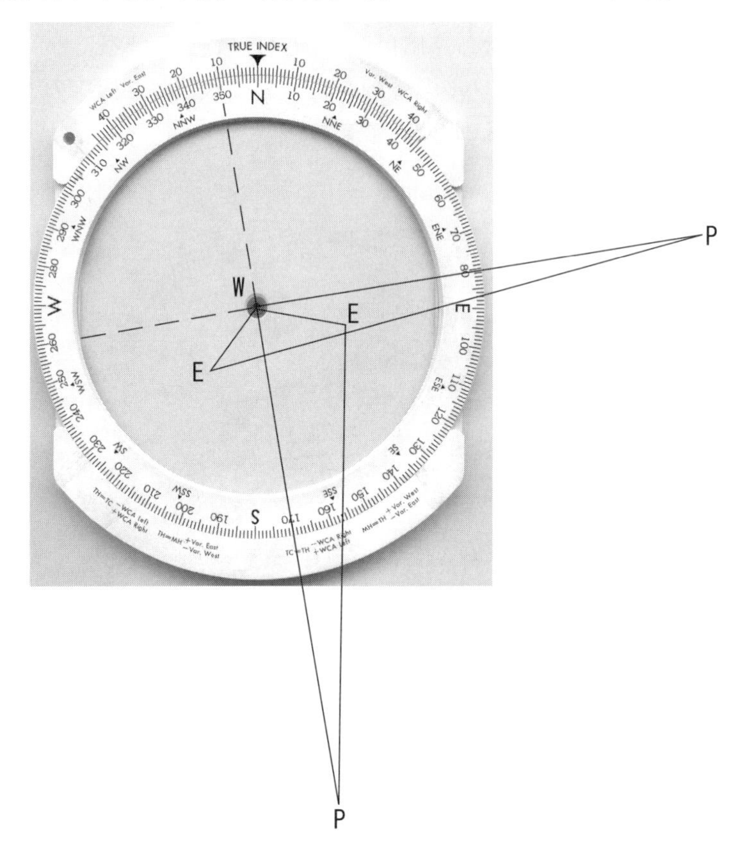

5－8　計画の風力三角形の作図板解法

作図による計画の風力三角形 PW' E は航法計算盤では描くことができないので、これと合同の△ PWE を作ることになる。

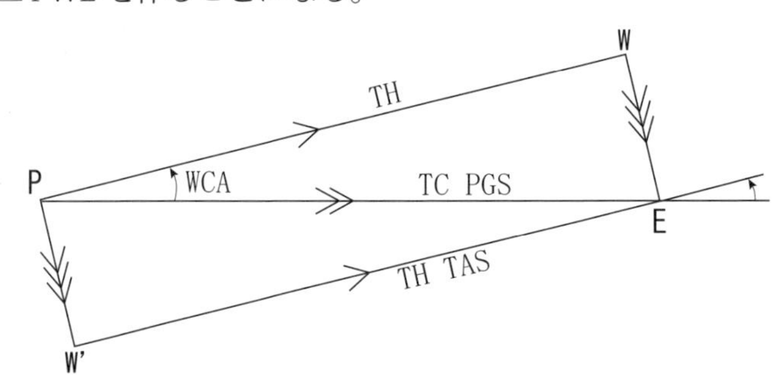

計画の風力三角形はTCが分かっているので、TIにTCを合わせる。グロメットにはE点がくる。風は常にWEの方向に吹くので、グロメット即ちE点に吹き込むようにカーソルの黒字線を風向WDの方位に合わせる。黒字線の風目盛りがW点になる。そのW点にTASを合わせるとグロメットにはPGSが、∠EPWがWCAになる。

（例題）　予想の風020°　20ktのもとに、TC100°をTAS140ktで飛行する航空機のTHとPGSを求めよ。

（解法）

1)　TIにTC100°を合わせる。カーソルの黒字線をWD 020°の方位に合わせる。黒字線の風目盛り20がW点になる。風目盛り20にTAS140ktの速度線の同心円を合わせる。

2)　グロメットの135ktがPGSとなり、放射線の角度がWCAで－８°を得る。 TIの左右に付いている度数目盛りを利用して、－８°即ち左８°に対応する方位目盛りから、TH 092°となる。

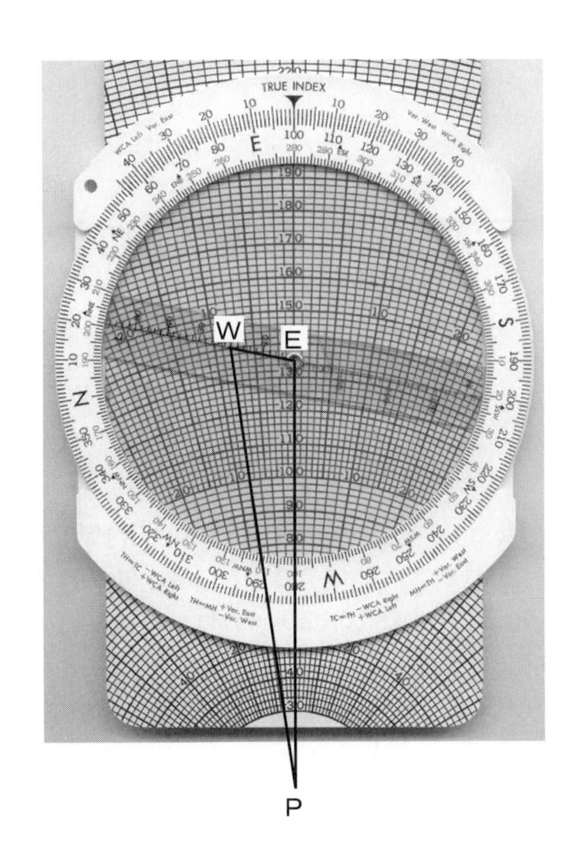

作図板における計画の風力三角形は、E点をグロメットとする△PWEを描くことになる。

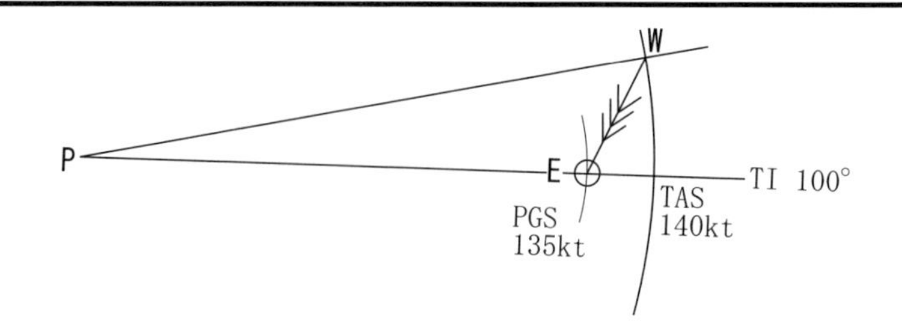

飛行中の風力三角形はW点をグロメットにし、計画の風力三角形はE点をグロメットにして△PWEを描くことになる。次のように覚えればよい。「飛行中の風力三角形はグロメットから吹き出しにE点を、計画の風力三角形はグロメットに吹き込みにW点を取る」

（練習問題）以下の風力三角形を算出せよ。

問1	TH	TAS	WD/WS		TR	GS
1)	329°	154kt	225°	30kt	（　　）	（　　）
2)	213°	138kt	190°	25kt	（　　）	（　　）
3)	043°	100kt	075°	12kt	（　　）	（　　）
4)	316°	144kt	（　　）		309°	165kt
5)	182°	123kt	（　　）		187°	95kt
6)	265°	200kt	（　　）		252°	230kt

問2	WD/WS		TAS	TC	TH	PGS
1)	025°	15kt	125kt	109°	（　　）	（　　）
2)	310°	20kt	88kt	196°	（　　）	（　　）
3)	200°	30kt	190kt	283°	（　　）	（　　）
4)	270°	50kt	160kt	007°	（　　）	（　　）

（解答）

問1はTH、TASが分かっているので、飛行中の風力三角形である。

1) 339°　164kt　2) 218°　115kt　3)039°　90kt（100kt未満はDAは2°毎）

4) 091°　28kt　5)165°　30kt　6)020°　57kt

問2はTCがあるので、計画の風力三角形である。

1) 102°　123kt　2) 208°　94kt（100kt未満は2°毎）

3) 274°　184kt　4) 349°　159kt

＊ TR、TH、GS、PGS、WSで±1°±1ktの、WDで±2°の誤差

5－9　偏流測定儀

航空機の偏流角を測定する装置である。概略の原理は、航空機の直下の地面の地形

地物あるいは海面上の波頭等の移動方向から、当該航空機の偏流角を測定するものである。かつては、推測航法において重要な役割を果たしていたが、現在では特殊な用途の航空機にのみ搭載されて利用されているのが実情であり、21 世紀の民間航空には必要とはしない装置である。ただ、風を測定する原理は知っておいた方がよいので、概要の説明をする。

1．ウインドスター測風法（三偏流法）

ウインドスターは飛行中に変針して三回の偏流測定を行い、風を求める方法である。変針をしてコースから外れては意味がないので、以下の方法で当初の針路の延長上に復帰するように工夫してある。

(1)　45°法

現在の針路（TH）に対して左右どちらかに 45°変針する。一定時間飛行した後に反対側に 90°変針する。同じ時間飛行した後に元の針路に変針する。元の針路と左右に 45°異なる針路からそれぞれの偏流角を測定して風を求める。変針間隔は２分間ないしは３分間とする。45°２分レグ法または 45°３分レグ法という。

(2)　60°法

45°法と同様に、左右どちらかに 60°変針し、反対側に 120°変針し、元の針路に変針する。異なる針路から測定した三つの偏流角から風を求める。２分レグ法と３分レグ法がある。２分レグ法には２分の、３分レグ法には３分の遅れがでる。

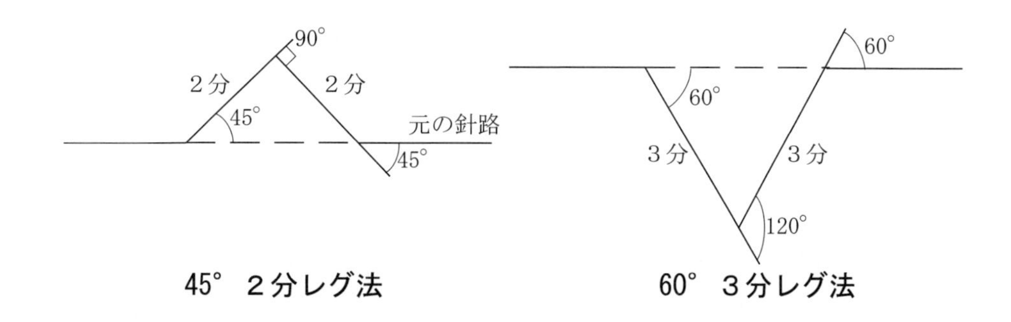

45°　２分レグ法　　　**60°　３分レグ法**

（例題）ウインドスター法により以下の偏流角を測定した。風を求めよ。TAS は 160kt である。

TH 1　280°　DA 10 R
TH 2　340°　DA 13.5 R
TH 3　220°　DA 8 L

＊ TH280°の 60°法である。風のみを求める場合には時間間隔は必要ない。

（解法１：作図による求め方）

1)　各針路における TR を求める。順次 290°、353.5°、212°になる。

2)　方眼紙上に、TAS160kt（160mm）を半径とする円を描く。方眼紙から円がはみ出す場合は、1/2スケール（30分間）で描くことになる。

3) 円の中心がW点になる。TH280°となるP_1点を円周上に求める。円の中心のWから280°の反方位の100°の線と円との交点がP_1点となる。TH_2、TH_3から同様にして、P_2点P_3点を求める。

4) P_1点からTR290°、P_2点からTR353.5°、P_3点からTR212°の直線を引く。これらの線の上のどこかにE点が存在していることになる。即ち、3本の線の交点がE点となる。交点が三角形となる場合には、誤差三角形というが、その内心をE点とする。（内接円の中心は各辺から等距離の点である）

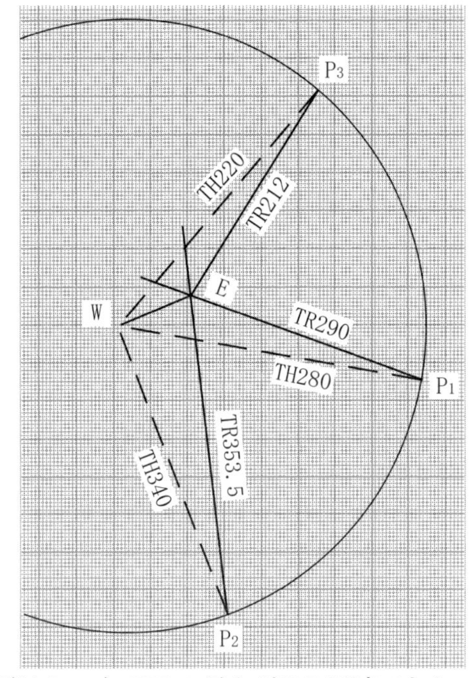

5) WEの方向が風向であり、246°となる（風だけfrom）。WEの長さがWS風速であり、40kt（1/2スケール、20mm × 2）になる。風力三角形P_1WE、P_2WE、P_3WEはWEを共通の一辺としている。

（解法2：作図板による求め方）

1) 飛行中の風力三角形であり、グロメットにTASの160ktを合わせる。
2) TIにTH_1の280°を合わせる。DAは10° Rであるから、作図板のDA10° Rの線上にプロッターを合わせて、鉛筆で直線を長く引く。TR290°を描いたことになる。
3) 同様に、TIにTH_2の340°を合わせてDA13.5° Rの直線を引く。TR353.5°を描いたことになる。交点ができるので、直線は交点の近辺でよい。
4) TIにTH_3の220°を合わせてDA8° Lの直線を引く。TR212°を描いたことになる。3本の線の交点がWEのE点である。
5) 交点のE点に黒字の風スケールを合わせる。緑線の延長上の方位目盛りは246°を示し、風スケールは40に一致している。風向246°、風速40ktを表している。誤差三角形ができている場合には、内心をE点とする。

＊実機における偏流測定には誤差はつきものであり、小さな誤差三角形ができるのが常である。大きな誤差三角形ができた場合には測定をやり直すことになる。

2．ウインドアラウンドコーナー（二偏流法）

変針点の前と後でそれぞれ偏流を測定すれば、二つの偏流角を得ることになる。ウインドスター測風法と同様にして、二本のTRからWEのE点を求め、風を得ることができる。Wind Around CornerからWACの風ともいう。二つの針路の交角が直角に近いほど精度のよい風を得ることが期待できる。二つの針路の交角が30°以内の時は精度が悪くなることが予想されるので、変針後に改めてウインドスターを行うことになる。

ウインドスターの風やWACの風は限られた場所から得た風であり、地点風(Spot Wind)と言い、TRとGSから得た風については、一定時間経っていることから、平均風（Average Wind)という。

＊「AN-2　航法計算盤（ベクトル計算面)」の説明について

風については、赤文字の方位目盛を使用しているが、本書では、風だけfromで黒文字の方位目盛のみを使用している。結果は同じであるが、混同しないために、本書の黒文字だけの使用を推奨する。黒文字と赤文字は互いに反方位になっている。

AIR NAVIGATION COMPUTERと呼ばれるもので、前章の作図板と裏表を成しており、航法でコンピュータといえば、航法計算盤を指す。常用対数目盛りが刻んであり、計算尺である。今の若い人たちには縁の無い代物であろう。メーカーによって細部において違いがあるが基本的なところは同じである。本書では、コンサイス社製のコンピュータを使用して説明していく。

6－1　乗除算計算

計算尺は掛け算と割り算を行うものである。外側と内側に常用対数目盛りが刻んである。外側の目盛り（外目盛り）は固定されており、内側の目盛り（内目盛り）が回転して移動する。対数目盛りであることから、目盛りの10は1であり、100にも1億にも1億分の1にもなる。位取りは自分でしなければならない。対数目盛りの長所であり、短所でもある。計算盤としての上手な使い方は、数学的な証明は省くとして、

$$\frac{B}{A}=\frac{D}{C}$$

とし比例式に直して扱う。外目盛りにBとDが、内目盛りにAとCが対応するように数字を合わせる。掛け算は、A×D＝B×CからAに1をおくと、D＝B×Cから導く。即ち、1個50円のパンを3個買うと何円になるかというように置き換える。

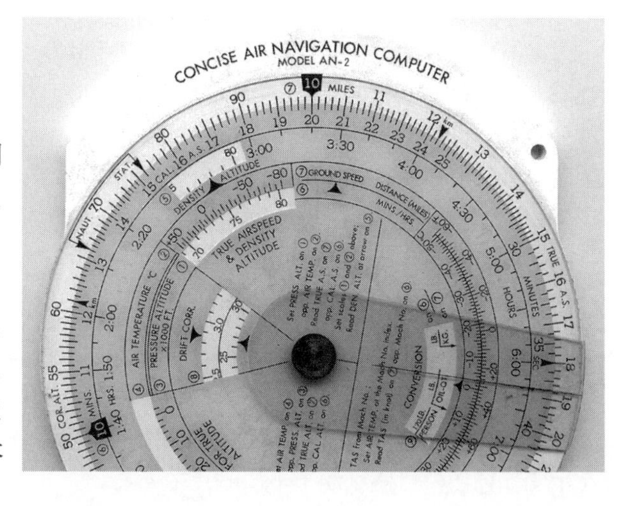

外目盛りBの50に内目盛りAの10（1とする）を合わせる。これで1個50円のパンになる。内目盛りCの30（3とする）に対応する外目盛りDの150が答

えである。50 × 3 = 150 の掛け算ができたことになる。

割り算は分数そのものであり、2 個で 160 円のパンは 1 個では何円になるかということになる。外目盛り 16(160 とする）に内目盛り 20（2 とする）を合わせる。内目盛り 10（1 とする）に対応する外目盛り 80 が答えである。

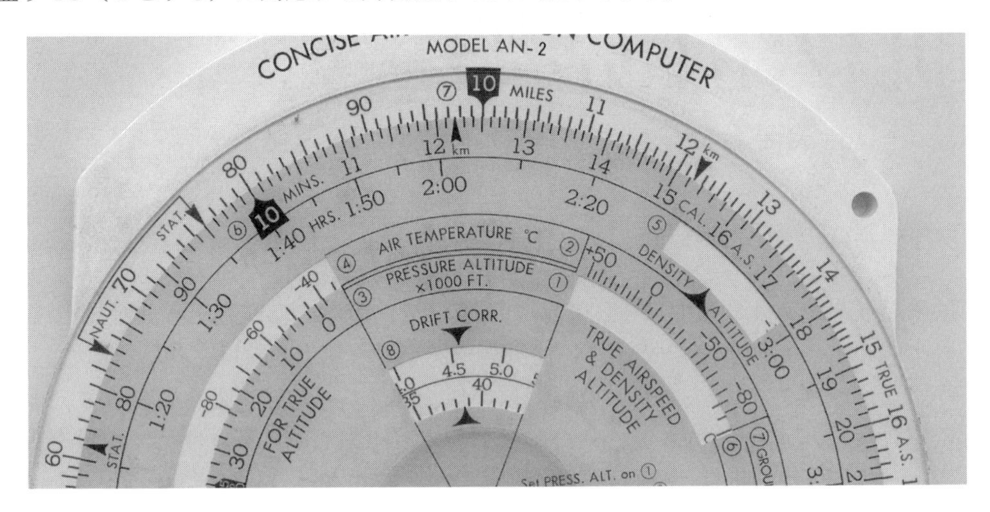

（例題）14 × 25 と 119 ÷ 34 を求めよ。

（解法）

1) 外目盛りの 14 に内目盛りの 10 を合わせ、内目盛りの 25 に対応する外目盛りの 35 から 350 が答えである。位取りに注意すること。14×25 = 350

2) 外目盛りの 119 に内目盛りの 34 を合わせ、内目盛りの 10 に対応する外目盛りの 35 から、位取りに注意して、3.5 が答えである。119÷34 = 3.5

6－2　航法諸元の算出

飛行の計画において、対地速度（PGS）と距離から所要時間を算出し、燃料消費率から燃料消費量を算出することが必要となる。飛行中においても、距離と飛行時間から速度を算出し、残りの所要時間を算出する必要も出てくる。このような計算を行うために航法計算盤がある。

1．距離、時間及び速度の算出

航法は分単位で所要時間を求めることから、1 時間は 60 分として扱う。ケアレスミスを無くすためにも、常に、外目盛りを距離尺（マイル尺）とし、内目盛りを時間尺（分尺）として用いることにしている。内目盛りの 60 には矢印が付いており、1 時間を指しており、時間指標と呼ぶ。また、内目盛りの時間目盛りには、分目盛りと何時間何分を示す二種類の目盛りが上下に刻んである。

（例題１）　GS150kt で飛行中の航空機は 30 浬を何分間で飛ぶか。また、40 分間で何浬飛行するか。

（解法）

1)　外目盛りの 15 に時間指標の 60 を合わせる。GS150kt を合わせたことになる。

2)　外目盛りの 30 に対応する内目盛り 12 から 12 分間となる。

3)　内目盛り 40 に対応する外目盛り 10 から 100 浬となる。

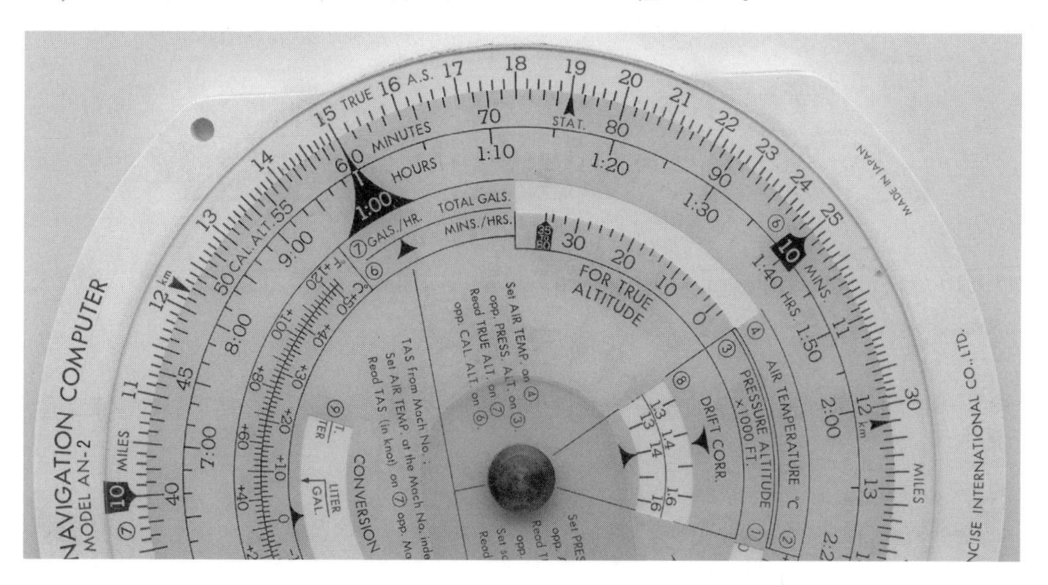

（問題１）

(1)　GS 106 kt で 35 分間飛行した時の距離を求めよ。また、180 浬飛行するのに要する時間を求めよ。

(2)　GS 210 kt で 1 時間半飛行した時の距離を求めよ。

（解答）

(1)　飛行距離 62 浬、所要時間は 10 と 11 の間であるから 102 分即ち 1 時間 42 分となる。

(2)　内目盛り 1:30 の 90 に対応する外目盛り 31 と 32 の間であるから 315 浬となる。

＊対数目盛りであるから、目盛間隔が異なっており、読みとる時に注意を要する。

（例題２）　10 分間に 30 浬飛行した航空機の GS を求めよ。この速度で 33 浬と 330 浬飛行するのに要する時間を求めよ。

（解法）

1)　外目盛り 30 に内目盛り 10 を合わせる。

2)　内目盛りの時間指標 60 に対応する外目盛り 18 から GS 180 kt となる。

3)　外目盛り 33 に対応する内目盛りから 11 と 1：50 を得る。よって、33 浬には

11 分間を、330 浬には 1 時間 50 分を所要時間とする。

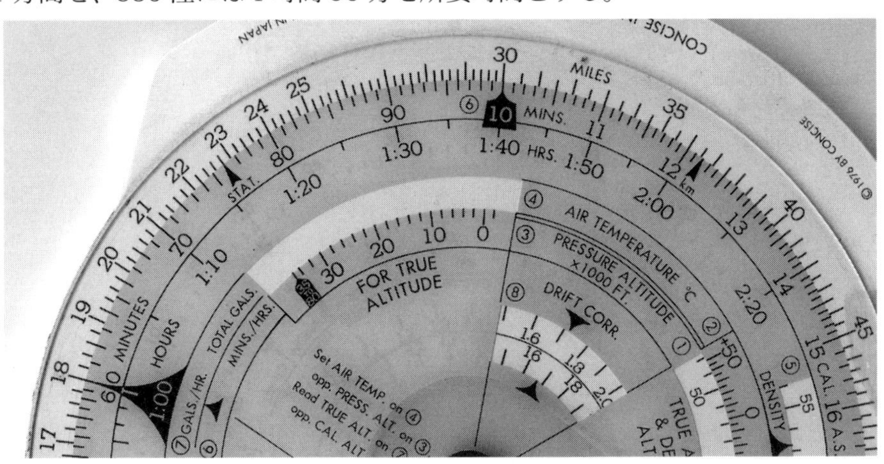

（問題２）

(1)　48 分間に 168 浬飛行した。GS を求めよ。この速度で 455 浬飛行するのに要する時間を求めよ。

(2)　15 分間に 35 浬飛行した。GS を求めよ。この速度で 24 分間飛行した時の距離を求めよ。

（解答）

(1)　GS 210 kt、所要時間 2 時間 10 分

(2)　GS 140 kt、飛行距離 56 浬

２．燃料消費量等に関する計算

飛行計画や実際の飛行中に、燃料消費量等の計算をする必要がある。１時間当たりの燃料消費量を燃料消費率として、速度、距離及び時間の関係と同様にして求めることができる。

（例題１）　燃料消費率 40GAL（ガロン）/h の航空機が 24 分間飛行した時の燃料消費量を求めよ。

（解法）　外目盛り 40 に時間指標の 60 を合わせる。内目盛り 24 に対応する外目盛り 16 から消費量は 16 GAL になる。

（問題１）　燃料消費率 840 LBS（ポンド）/h の航空機が 1 時間 35 分飛行した時の消費量を求めよ。

（解答）1,330 LBS（位取りに注意すること）

＊ pound(s)　ラテン語　libra から略語 LBS になる。小文字 lbs も用いる。

（例題２）　燃料搭載量 3,600 LBS の航空機の燃料消費率が 800 LBS/h の時、飛行可能時間を求めよ。

（解法）　外目盛り 80 に時間指標の 60 を合わせる。外目盛り 36 に対応する内目盛り 27 から 270 分即ち 4 時間 30 分となる。

（問題２）　燃料搭載量 120 GAL の航空機の燃料消費率が 35 GAL/h の時、飛行可能時間を求めよ。

（解答）３時間 26 分（206 分）

（例題３）　40 分間飛行後に、燃料消費量が 28 GAL であることが判明した。燃料消費率を求めよ。

（解法）　外目盛り 28 に内目盛り 40 を合わせる。時間指標 60 に対応する外目盛り 42 から燃料消費率 42 GAL/h となる。

（問題３）　１時間 40 分飛行後に、燃料消費量が 2,000 LBS であることが判明した。燃料消費率を求めよ。

（解答）1,200 LBS/h

６－３　単位の換算

小型機の速度計には、米国の法定マイル（哩・SM：Statute Mile）を使用した MPH（Mile per Hour：哩 / 時）が使われていることがある。浬と哩そして Km の換算が必要な時がある。その外にもフィートをメートルや浬に換算することもある。換算に関してはコンピュータ毎（各メーカー毎）に異なる部分があり、それぞれの使い方をよく知った上で使いこなしてほしい。

１．浬、哩及び Km の換算

１浬の長さは、地球が真球でないため、緯度毎に微妙に異なるものであるが、一応 1 NM ＝ 1.15 SM とする。また、 1 NM ＝ 1.85 Km とする。それぞれの両辺を 66 倍すると、
66NM ＝ 76(75.9)SM 及び 66NM ＝ 122.1 Km となる。よって

$$\frac{66}{A\ \mathrm{NM}} = \frac{76}{B\ \mathrm{SM}} = \frac{122.1}{C\ \mathrm{Km}}$$

の関係が成立する。外目盛りの 66 と 76 と 122 に対応するそれぞれの内目盛りが浬と哩と Km になる。

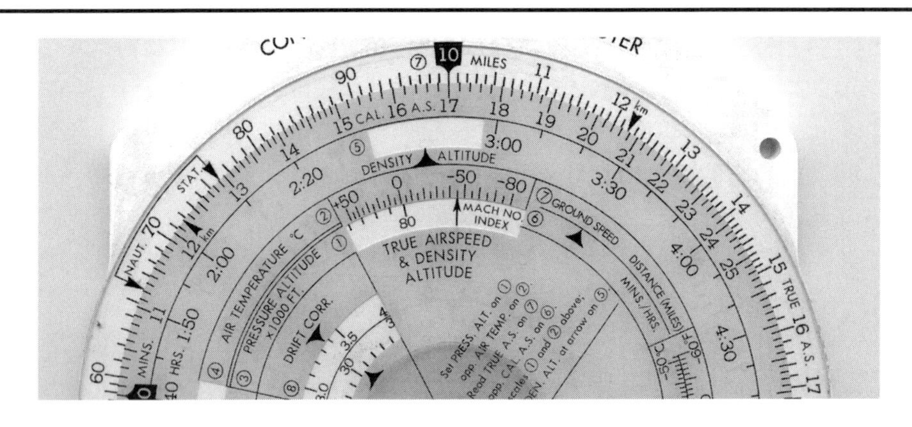

（例題１） 112 浬を哩と Km に換算せよ。

（解法） 外目盛りの 66 と 76 に浬と哩の指標が付いている。同じく 122 に Km の指標が付いている。66 の浬指標に内目盛りの 112 を合わせる。76 の哩指標に対応する内目盛りは 129 であり、122 の Km 指標に対応する内目盛りは 207 である。よって、112 浬は 129 哩と 207Km になる。

２．その他の換算

（例題１） 40,000 ft をmに、8,000 mを ft に換算せよ。

（解法） コンサイス社製の計算盤には換算窓（CONVERSION）が付いている。そこの矢印に FT ／ METER の指標を合わせれば、内目盛りに ft が、外目盛りに m が表示される。内目盛り 40 に対応する外目盛り 122 及び外目盛り 80 に対応する内目盛り 262 から、40,000ft は 12,200m に、8,000m は 26,200ft になる。ただし、これは１ft が約 0.3m と知っておかなければ、位取りができないことになる。度量衡換算表を所持していれば、１ft が 0.305m から、外目盛りの 305 に内目盛りの 10 を合わせれば、同じ答えが出る。

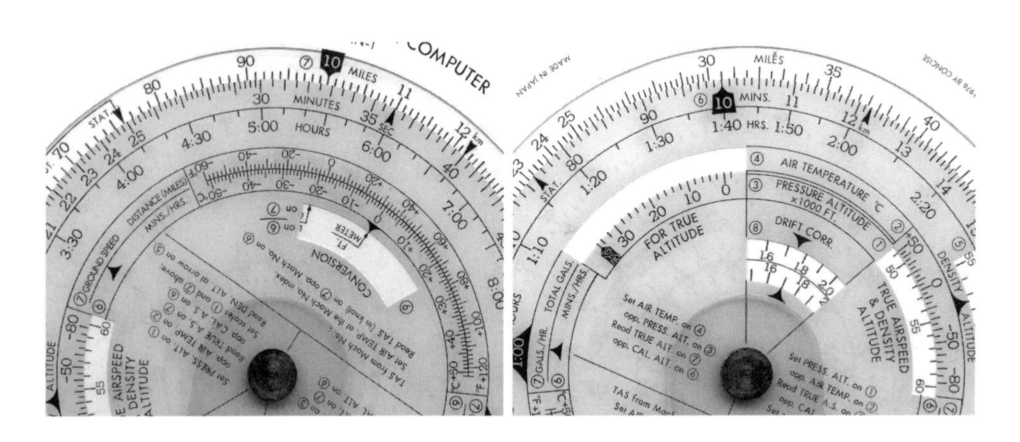

（問題１）　12,000ft は何 m か。2,500m は何 ft か。

（解答）外目盛り 305 に内目盛り 10 を合わせる。3,660m と 8,200ft。

（例題２）　9,000ft は何浬か。５浬は何 ft か。

（解法）　１浬は、場所によって異なるが、6,080ft 前後であり、約 6,000ft とする。外目盛り 60 に内目盛り 10 を合わせる。外目盛り 90 に対応する内目盛り 15 から 1.5 浬となる。また、内目盛り 50 に対応する外目盛り 30 から 30,000ft になる。なお、１哩は 5,280ft である。

（例題３）　30 ガロンは何リットルか。

（解法）　１ガロンは 3.785 リットルだから、外目盛り 10 に内目盛り 378 を合わせる。外目盛り 30 に対応する内目盛り 1135 から 113.5 リットルになる。

（例題４）　摂氏＋ 10°は華氏何度か。

（解法）計算盤の摂氏華氏換算部より＋ 10℃＝＋ 50° Fとなる。

（問題２）次の空欄を埋めよ。

	対地速度	飛行距離	飛行時間	燃料消費量／時間	合計燃料消費量
（１）	160 哩／時	600 哩	時間　　分	20 GAL ／時	GAL
（２）	138 哩／時	浬	３時間 18 分	18 GAL ／時	GAL
（３）	152 哩／時	360 浬	時間　　分	40 GAL ／時	GAL
（４）	172 kt	浬	２時間 50 分	GAL ／時	102 GAL
（５）	220 kt	850 浬	時間　　分	830 LBS ／時	LBS

（解答）

(1) ３時間 45 分　75 ガロン　(2) 396 浬　59.4 GAL（138MPH を 120 kt に換算）

(3) ２時間 44 分　109 ガロン　(4) 487 浬　36 GAL/h　(5) ３時間 52 分　3,210 LBS

6－4　三角関数

1．三角関数の求め方

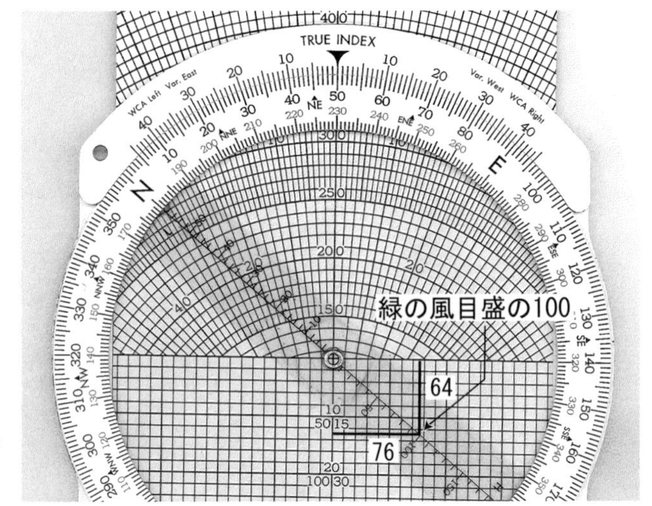

航法において、三角関数を必要とすることがある。概略の数値で十分であり、作図板の方眼目盛りを利用して解くことになる。

（例題１）　sin50°を求めよ。

（解法）

1)　作図板にスライド板の裏側の方眼目盛りを差し込む。

2)　TI に 000°を合わせ、グロメットに方眼目盛りの０を合わせる。

　スケールの緑の風目盛り 100 を使用する。

3)　方位環を回して、TI に 050°を合わせる。緑の風目盛り 100 の中心線までの水平距離を読む。およそ 76 になる。

4)　sin50°＝ 76/100 ＝ 0.76 となる。

（例題２）　cos50°を求めよ。

（解法）　上記 1)、2) 及び 3) の緑の風目盛り 100 から上下の垂直距離を読む。およそ 64 になる。よって、cos50°＝ 64/100 ＝ 0.64 となる。

（例題３）　tan50°を求めよ。

（解法）　tan50°＝ 76/64 ＝ 1.19　　計算盤から求める。外目盛り 76 に内目盛り 64 を合わせ、内目盛り 10 の外目盛り 119 から 1.19 を得る。

2．三角関数の応用

三角関数の応用として、風の成分を横風と速度の成分に分けることがある。特に、離着陸の時の横風限界の制限内にあるのかどうかを知ることは大事なことである。

（例題）　使用滑走路 04 の時、風が 350°　20kt の時の横風成分を算出せよ。また、速度成分はいくらになるか。

（解法）

1)　横風成分は三角関数のsineを出す要領で行う。TIに350°を合わせる。方眼目盛りの1目盛りを2として、緑の風目盛りを2kt目盛りとすると100が20ktになる。350°　20ktの風を入れたことになる。

2)　TIに040°を合わせる。滑走路04を入れたことになる。

3)　緑の風目盛り100（20kt）の中央線までの水平距離15を読む。横風成分15ktとなる。

4)　速度成分はcosineであり、垂直距離13を読み、13ktになる。

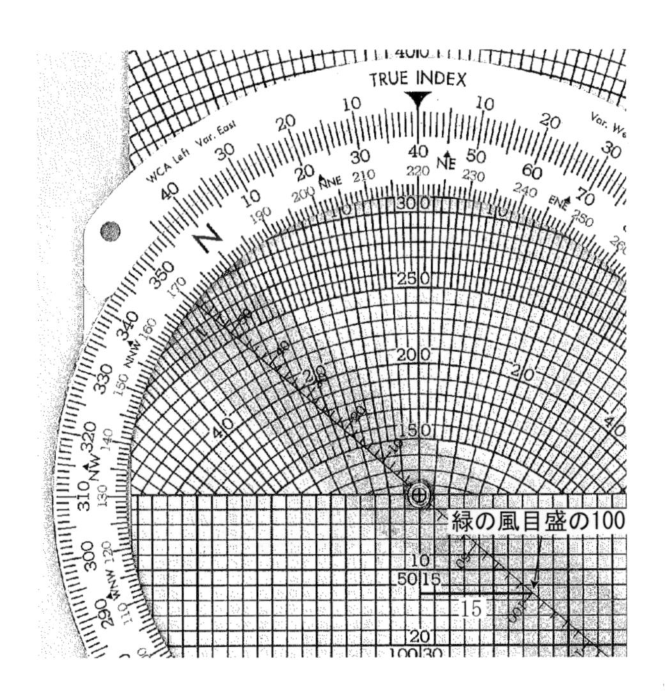

（問題）　使用滑走路27の時、横風限界16ktの航空機の場合に、次の風の中で、横風限界内にあるのはどちらか。

イ．210°　22kt

ロ．310°　20kt

（解答）　ロ．310°　20kt（横風成分13kt）（イ．の横風成分は19kt）

第７章 磁気羅針儀

地球は大きな磁石であり、古くは中国において、磁気を帯びた鉄片を水に浮かせて、指南車として、方位を知る道具として使われていた。時代を経て、ヨーロッパに渡り、ルネッサンスの頃に航海用の磁気羅針盤として開発された。その後、航空機用に開発された磁気羅針儀（Magnetic Compass）には直読式と遠隔指示とがあり、直読式について述べる。この方式は船舶用とは異なる仕組みであり、動的誤差という特有の性質を有している。直読式は小型機で定針儀（後述）と併用して用いており、それ以外の航空機においてはジャイロシンコンパス（後述）が用いられている。

７－１　地磁気

巨大な永久磁石である地球の表面には磁場ができている。磁気の両極は自転軸である北極と南極には存在せず、対称にもなっておらず、磁極の北の極はカナダのハドソン湾 70° N　95° Wに、他の極は 72° S　155° Eにあり、移動している。地表面の磁力線は南北方向を指しており、磁気の赤道では磁力線は水平であるが、それ以外では水平ではなく、地表面との傾きは場所によって異なり、磁極に近づくとともに傾きを増していき、両磁極で最大となる。

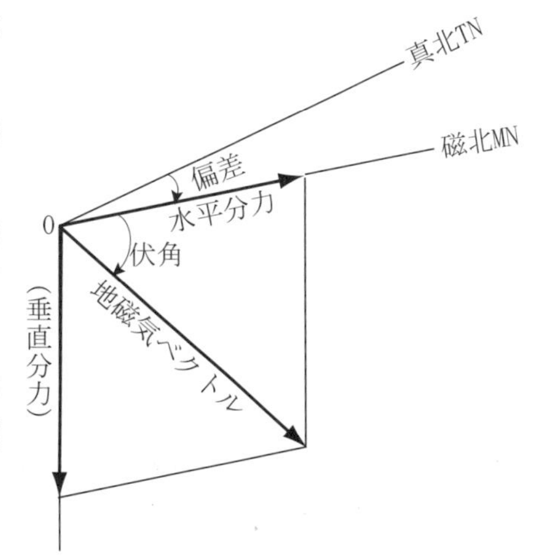

図において、ある地点における地磁気のベクトルの水平成分（水平分力）が磁気子午線であり、その地を通る子午線との交角を偏差（Variation）という。また、水平分力とベクトルとのなす角を伏角または傾差（Dip）という。その地を通る子午線の北を真北（True North）というのに対して、磁石の北を磁北（Magnetic North）という。

7－2　磁気羅針儀の構造

船舶用及び遠隔指示式の磁気羅針儀は水平にしたコンパスカードの上面に方位目盛りを刻んで、上から見る構造になっている。一方、直読式の羅針儀はコンパスカードの側面に方位目盛を刻んで、前面（横方向）から見るようになっている。コンパスカードは水平を保つようにはなっておらず、機体が傾いた時には同じ傾きを保つように工夫されている。これはパイロットが機体と同じ傾きを保って操縦していることから、機体と同じ傾きを保っているパイロットから見て常に同じ面を正面から見られるようにしていることを意味している。結果として動的誤差（後述）を生じる要因となっている。直読式コンパスは、遠隔指示コンパスを装備した機体においては予備のコンパスであり、遠隔式を装備していない機体においてはDG（後述）と併用して用いられる。

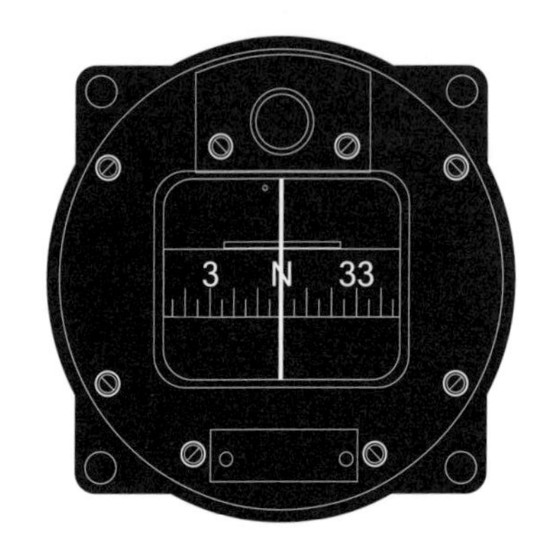

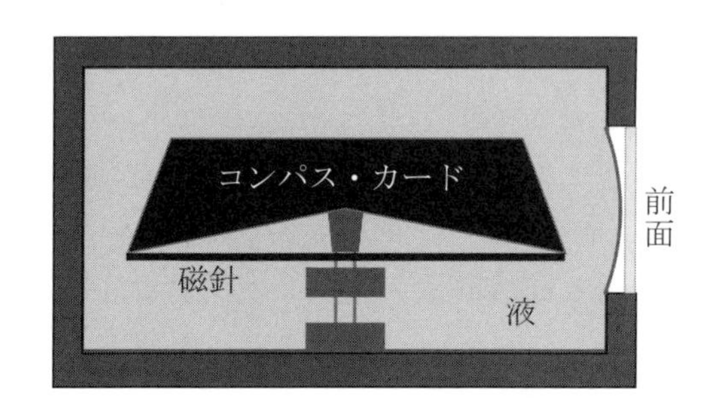

7－3　偏差と自差

航空機に搭載した磁気羅針儀は真北を指さないのが普通である。原因の一つは地磁気の影響であり、もう一つは機体自身にある。

1．偏差

既に述べたように、地磁気の偏りから、真北に対して、磁北がある角度を持って指すことになる。この偏りの角度を偏差（Variation）という。真北に対して、磁北が西を指していれば、偏差西（Variation Westerly）といい、磁北が東を指していれば、偏差東（Variation Easterly）という。通例、10°偏差西はVar.10° Wとし、5°偏差東はVar. 5° Eとする。偏差の等しい地点を結んだ線を等偏差曲線といい、国際協力事業で、地球規模で等偏差曲線が描かれている。航空図に等偏差曲線が描かれているので、簡単に偏差を知ることができる。偏差については経年変化といって、年月とともに変化していて、日本付近では偏差は西であり、偏差量は増加してきていたが、2000年頃から増加は止まったようであり、流動的である。日本付近の等偏差曲線を示す。北米大陸の等偏差曲線は近くに磁極が有ることから偏差西から偏差東まで変化が大きい。

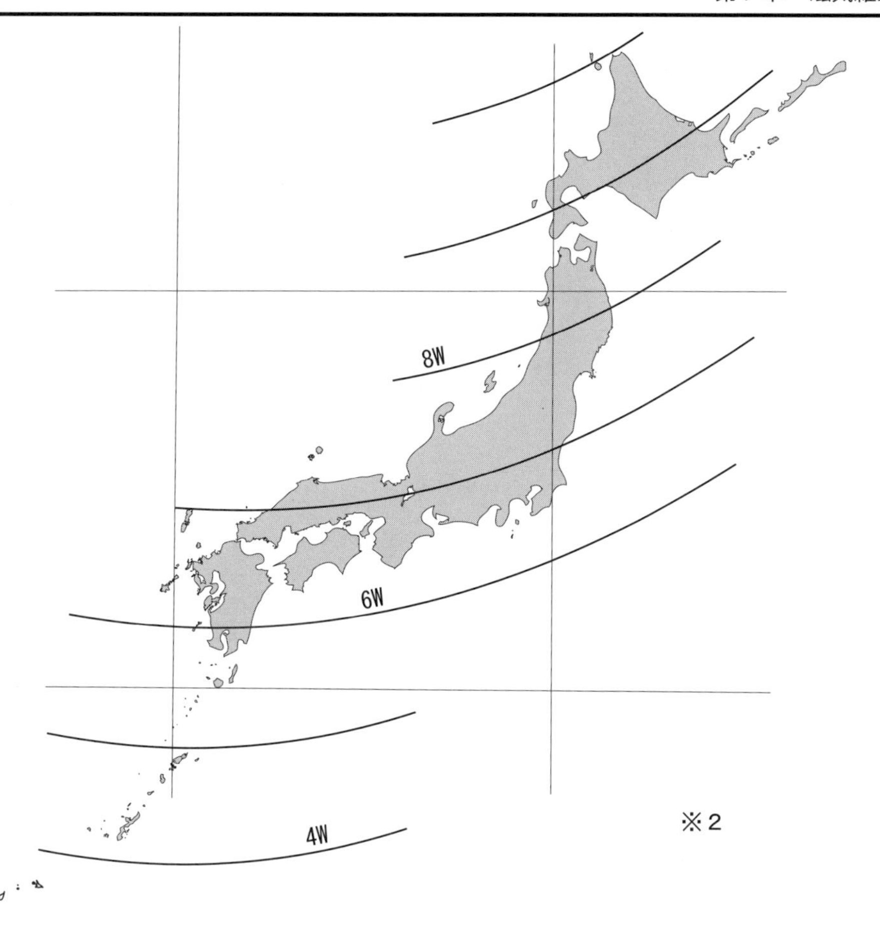

２．自差

コロンブスは偏差に気付いていたようである。木造船においては偏差だけであった。鋼鉄の船に装備した磁気羅針儀が磁北と異なる方向を指すようになった。航空機に装備した羅針儀も同様である。船や航空機が磁気を帯びているために、装備した羅針儀に誤差を生じるようになった。装備した羅針儀の指す北を羅北（Compass North）という。磁北と羅北のなす角を自差（Deviation）という。磁北に対して羅北が西を指していれば、自差西といい、東を指していれば、自差東という。Dev. ５°Ｗや Dev. ４°Ｅと表す。自差に＋－の符号を付ける場合もあるが、＋－の符号の付け方には異なる二つの思想があり、現在では、ＥとＷの符号を用いるのが一般的である。

７－４　針路と方位の計算

１．針路計算

機首の方位を針路というが、基準となる北が真北（TN）、磁北（MN）及び羅北（CN）と三つあり、針路として、真針路（True Heading : TH）、磁針路（Magnetic Heading : MH）及び羅針路（Compass Heading : CH）と三つある。

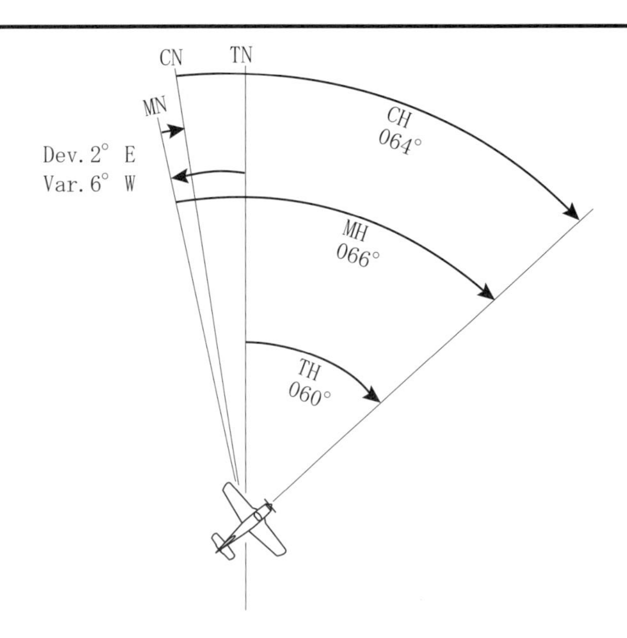

図から明らかなように、TH 060°の時に Var. 6°Wより MH 066°になる。また、Dev. 2°Eより CH 064°になる。TH から MH を、MH から CH を出す時には偏差西は足し算に、偏差東は引き算になる。日本付近は偏差西だから TH、MH、CH と計算する時は足し算になると覚えておくとよい。逆に、CH、MH、TH と計算する時には偏差東は足し算になる。昔の人は、羅針路（らしんろ）磁針路（じしんろ）真針路（しんしんろお）でラジオでは東は足せと覚えていたと聞いたことがある。

（例題１） 宮崎空港から熊本空港に飛行する予定である。TAS150kt、予想の風は 250° 32kt とし、この針路の自差を２°Eとする。羅針路を求めよ。

（解法） 航空図より、TC 332°と Var. 6°Wを読み取る。計画の風力三角形を解けばよい。

TC	WCA	TH	Var	MH	Dev	CH
332	－12	320	6W	326	2E	324

TH、MH、CH と計算する時には偏差Wは＋に、Eは－になる。

（例題２） CH 066° TAS 160kt で飛行中である。GPS より TR 066° GS 174kt を得た。Var. 8°E、Dev. 3°Wとして、TH 及び風を求めよ。

（解法）飛行中の風力三角形である。

CH	DEV	MH	Var	TH	DA	TR	WIND
066	3W	063	8E	071	5L	066	202° 20kt

CH、MH、TH と計算する時には偏差Wは－に、Eは＋になる。

2．方位計算

物標からのあるいは物標への、または無線局からのあるいは無線局への方位を表す場合に、TN、MN 及び CN とあることから、真方位（True Bearing : TB)、磁方位（Magnetic bearing : MB)及び羅方位(Compass bearing : CB)とある。第10章　無線航法で詳述する。

7－5　自差表と自差曲線

自差は整備工場で定期的に測定し、自差修正をして規制値以下 (10° 以下) に修正した結果を自差表または自差曲線として示すことになっている。パイロットはこれらから自差を出して、針路計算をすることになる。

1．自差表（Deviation Card）

数値式とも呼ばれる。MH30° 毎に対応する CH の示度を表すのが一般的である。磁針路として、MH、TO FLY あるいは FO MAG と表示し、羅針路として、CH、STEER あるいは READ COMP と表示してある。表値に無いものに対しては比例配分する。自差表から MH 030° に CH 032° が対応しているので、Dev. 2° Wとなる。MH 030° で飛行するには CH 032° で飛行することになる。逆に CH 032° で飛行中は MH 030° ということになる。MH 060° で CH 061° から Dev. 1° Wとなる。MH 050° で飛行するには、比例配分して、CH 051° になる。

TO FLY	STEER
000	002
030	032
060	061
090	091

MH	CH
000	002
030	032
060	061
090	091

2．自差曲線（Deviation Curve）

グラフ式とも呼ばれる。グラフにしてあるので、横軸の MH から縦軸の自差を読みとればよい。

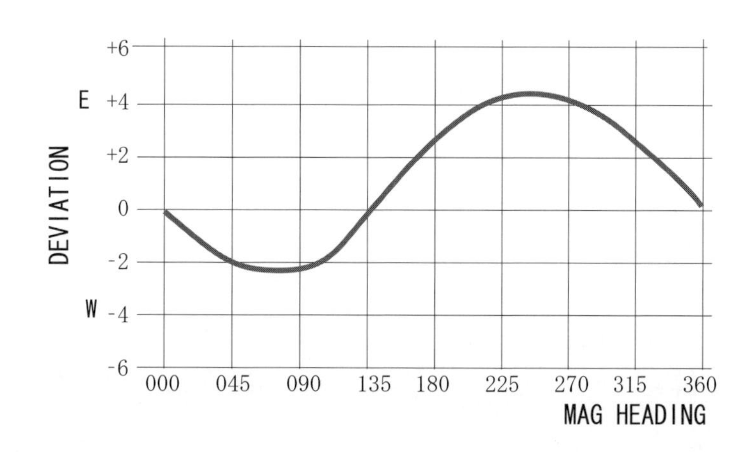

このグラフでは自差東に＋の、自差西に－の符号を付けている。CH から MH に計算する時に、代数的に足す即ち符号通りに計算することになり、逆に MH から CH に計算する時には代数的に引く即ち逆の符号を付けて計算することになる。

7－6　自差の原因と自差係数

自差の原因は機体内の鋼鉄、軟鉄及び電気機器により磁場を生じるためである。鋼鉄は製造の段階で磁化されて永久磁石となり、軟鉄は地磁気に感応して一時的に磁石となる。電気機器を使用すれば、電流によって、磁場を生じる。

自差の大きさδは機首方位により変化し、次の式で表される。

$$\delta = A + B\sin\theta + C\cos\theta + D\sin 2\theta + E\cos 2\theta$$

ここで、θは機首方位（磁方位）

A、B、C、D、E は自差係数であり、

A は不易差

$B\sin\theta + C\cos\theta$は半円差

$D\sin 2\theta + E\cos 2\theta$は象限差または四分円差

と呼ばれる。

(1)　不易差

取付け誤差ともいい、主な原因は羅針儀の基線と機軸線との差であり、針路にかかわらず、一定の値になる。

(2)　半円差

機体内の鋼鉄が磁化され永久磁石となり生じる自差である。係数 B は、機軸線に沿って永久磁石の影響を生じており、南北の針路で最小、東西の針路で最大の誤差量となる。係数 C は機軸線に直角即ち翼の方向に沿って影響を生じており、東西で最小、南北で最大の誤差量となる。

(3)　象限差、四分円差

軟鉄が一時的に磁石となって生じる自差である。係数 D は四方位（N、E、S、W）で最小の、四隅位（NE、SE、SW、NW）で最大の誤差量となる。係数 E は四方位で最大、四隅位で最小の誤差量となる。

7－7　自差測定

自差測定は定期的に、また、自差修正後の残存自差を知るために行われる。航空機のエンジン、電子機器及び搭載物を飛行状態に近いものにする。格納庫、鉄製の建造物、鉄筋の滑走路も避ける。

機首を機体に装備したコンパスで概略北に向ける。機体の長さの 5 倍以上離れた後方から標準コンパスで機首尾線を照準する。この時の標準コンパスの磁方位が機体の MH になる。装備コンパスの示度が CH になる。この要領で、機体を右回りに 30°毎あるいは 45° 毎にセットしてそれぞれの方位を読んでいく。これらの結果から、自差修正をし、あるいは残存自差から自差表や自差曲線を作成する。

7－8　動的誤差

自差は、航空機が地上にある時及び水平等速直線飛行をしている時に生じるものであり、次に述べる動的誤差に対して、静的誤差という。これに対して、航空機の運動時即ち旋回や変速をした時に生じる誤差を動的誤差という。直読式の羅針儀に生じるものであり、普段は DG あるいは遠隔式の羅針儀を使用して操縦しているので、気付かないのが通常であり、これらに不具合が生じて、直読式を用いて操縦する時に動的誤差の存在を考慮して操縦することになる。航法には直接影響を及ぼすものではないが、パイロットとして存在と対処法を知っておく必要がある。動的誤差の主なものとして、北旋誤差と加速度誤差がある。

動的誤差の原因は傾差（伏角）と直読式の構造にある。直読式の羅針儀は二本の磁針を吊して、その中心を軸としてコンパスカード（羅牌）が回転するように、支えの上に載せたものである。水平を保つようにしてあるコンパスカードが傾いた時に、磁針の傾差の作用により、北半球においては、北を指す磁極が下方に引っ張られることによって、コンパスカードが回転することから誤差を生じることになる。

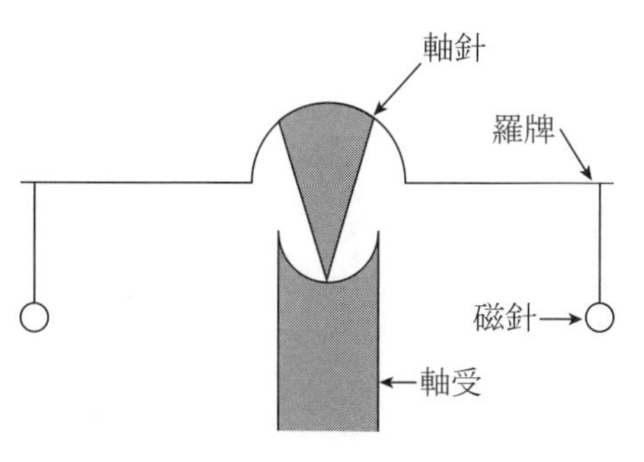

1．北旋誤差（Northerly Turning Error）

旋回中に磁気羅針儀に生じる誤差を旋回誤差と呼び、北半球においては、北向きの針路から東西に変針する時に特に大きな誤差を生じることから、北旋誤差と呼ばれている。

旋回する時に機体がバンクを取るために、直読式の構造から、機体と同様の傾きを有することになる。北を向いて飛行している航空機が東に向けて旋回した時を例に取る。右旋回であり、右にバンクを取った時に、コンパスも右に傾く。北を指している磁極は傾差により下方に引かれるので、コンパスカードは右に回転する。コンパスの基線に 340° の方位が来たとすると、そこから 090° まで旋回して機体を水平にしたとすれば、90° 以上旋回したことになる。北を向いて西に旋回した時には左旋回であり、コンパスは左に傾く。北の磁極は左回転をするので、コンパスの

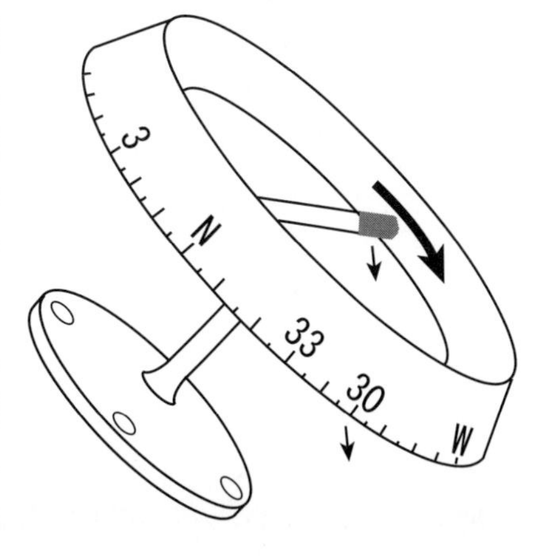

基線に 020° が来たとすると、そこから 270° まで旋回して機体を水平にすれば、これも 90° 以上旋回したことになる。結局、北向きの針路から東西に変針する時には過大に旋回してしまうので、操縦としては早めに旋回を戻すことになる。南向きの針路では逆に旋回する方向の方位が現れるので、旋回が不足することになる。南半球では、南を指す磁針の極が下方に引かれることから、南向きの針路から東西に旋回する時に過大な旋回となって、南旋誤差となる。

北旋誤差の出現は針路や操縦方法そして緯度によって差異があり、パイロットには先を読んだスムーズな操縦と微調整が要求される。

2．加速度誤差（Acceleration Error）

概略の説明をする。直読式の羅針儀は前頁の図にあるように、玩具の弥次郎兵衛のような構造になっていて、支点は重心より高いところにある。電車に乗っている人間は重心より低いところで床と接している。増速と減速の加速度を受けた時に、弥次郎兵衛の動きと電車に乗っている人間の動きとは丁度逆の動きをすることになる。電車が増速すれば、人間の頭は後ろに残り、減速すれば頭は前に倒れようとする。弥次郎兵衛は増速すると頭を前に倒すようになる。減速すれば、頭が後ろに残ることになる。羅針儀のコンパスカードは、増速すれば前に傾き、減速すれば後方に傾くことになる。北半球においては、西向きの針路で増速すれば、コンパスカードの前方への傾きによって、北を指す磁極が下方に引かれて、コンパスカードの北側の方位が前面に現れる方向に回転する。針路を変えてないのにコンパスカードは北よりの針路を指して、変針したかのような錯覚を与える。定速飛行に戻れば、元の針路を指す。東向きの針路で増速すれば、前方への傾きで下方に引かれて、北よりの針路を指すことになる。東西の針路で減速した場合にはいずれも南よりの針路を指すことになる。羅針儀の南北の針路では、コンパスカードの傾きによって回転することにはならないので、針路に変化はない。加速度誤差は東西の針路で最大に、南北の針路で最小になる。西向きの針路で増速すると針路は大きめの針路を示すので、西増大と覚えておけばよい。この覚え方だと、東増小になってしまうけれども。

南半球においては、逆の出現になる。東西よりの針路で増速すれば、南よりの針路を指すことになる。

加速度誤差は、急降下とその引き起こしの時に傾きがより増す方向に働くので大きな誤差量となるが、通常の増減速ではさほど大きな量ではないので、現象を認識しておくだけで十分である。

7－9　定針儀（Directional Gyroscope：DG）

直読式の磁気羅針儀と併用して使用されるものであり、磁石は用いていないが、この節で取り上げることにする。

独楽 (こま) を高速で回すと空間の一定方向を指す。この性質を利用して、３軸の

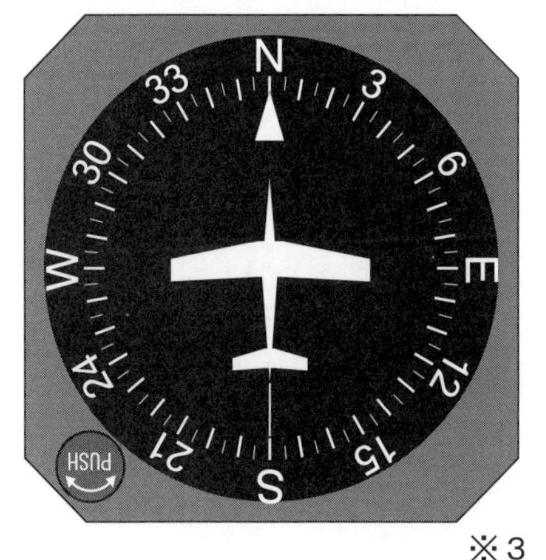

※３

自由度を持たせて、空間の一定方向を指して、方位指示装置としたものが定針儀：DG である。直読式の磁気羅針儀が指している針路を DG の左下のノブを回して合わせると、DG は羅針路を指すことになる。

しかしながら、DG は地球自転や機体自身の移動等で時間の経過とともに、羅針儀とは異なる方位を指すようになる。

地球自転の影響については次のようになる。DG を北極点のすぐ近くに置いて、北極の方向に向けたとする。ジャイロの回転軸は水平で空間（宇宙）に対して一定の方向を指し続ける。地球の自転により、12 時間後には DG は北極点とは 180° 異なる方向を指している。24 時間経てば、元の位置に戻り、北極点の方向を指している。24 時間で 360° 即ち 1 時間に 15° 変化するので、DG の方位は 15° / h の割合で変化することになる。DG を赤道に置いて、北極の方向即ち真北に向けたとする。赤道における真北は子午線の接線の方向であり、ジャイロの回転軸は水平を保つことになる。ジャイロは、地球に対して 24 時間に 1 回転するが、子午線の接線の方向を向き続けており、方位変化は無いことになる。赤道に置いた DG は真北を指すようにすれば、真北を指し続けることになる。ところで、緯度 ϕ における地球自転による DG の方位変化は 15° $\sin\phi$ / h で与えられることが分かっている。東京付近では、北緯 36° 位であり、1 時間に 8 ～ 10° 方位が減少してくる。

機体の移動による誤差もある。赤道から子午線に沿って移動すれば、変化量は 0 から 15° $\sin\phi$ / h となり、DG の読みは減る。ある緯度で DG を補正した場合にはそれより北に行けば、DG の読みは減り、南に行けば、増えることになる。また、距等圏上を東または西に移動した場合に、東に移動することは地球自転の影響を増やすことになり誤差は大きくなる。西に移動した場合には地球自転の影響を減らすことになり、誤差は小さくなる。

その外に、DG の計器自体の誤差もあるので、少なくとも 15 分に 1 回は DG を羅針儀の示度に合わせる必要がある。直読式の磁気羅針儀には動的誤差が伴うので、変針や変速の時は DG の示度が瞬間的には正しいのでこの示度を用い、DG の時間経過とともに生じる誤差には羅針儀の示度で補正することになる。両者は補い合って使われる。

７－10　ジャイロシンコンパス (Gyrosyn Compass)

直読式の磁気羅針儀には動的誤差があり、DG には地球自転や機体移動に伴う方位誤差が生じる。これらの欠点を互いに補い、磁気羅針儀と DG の双方の機能を持たせたのが、スペリー社が開発したジャイロシンコンパスである。基本的には DG であり、地磁気の信号を常に与えることで DG の示度が磁気方位を指すようにしたもので、遠隔指示装置である。動的誤差は無い。

地磁気の検出にはフラックスバルブと呼ばれる装置を用いており、地磁気の水平分力のみを検出して、DG を磁気子午線に同調させている。フラックスバルブは機体の磁気的影響が最も少ないところに装備される。

ジャイロシンコンパスにも自差はあるが、通常２°以内に抑えられている。電気信号による遠隔指示装置であるため、電気系統に不具合が生じた場合には、使用できなくなる。その時は予備のコンパスとしての直読式の磁気羅針儀で操縦することになる。

なお、直読式の磁気羅針儀はコンパスカードの側面に方位目盛を刻んで、横方向から見るようになっているのに対して、DG やジャイロシンコンパスは水平にしたコンパスカードの上面に方位目盛を刻んで、真上から見るような方式になっている。

航空機の飛行高度を指示する装置として、気圧高度計（Barometric Altimeter）と電波高度計（Radio Altimeter）が使用されている。気圧高度計は標準大気の気圧と高度の関係から、気圧を測定して高度として表示する装置である。

8－1　高度の種類

高度は以下のように区別して用いている。

(1)　真高度（True Altitude : TA）

平均海面からの実際の高度である。山の高さも真高度であり、平均海面と水準点の比高を三角測量で求め、次々に水準点との比高を求めて山の高さとしている。

(2)　絶対高度（Absolute Altitude : AA）

直下の地表からの高度で、対地高度である。電波高度計で測定する。海面上であれば、絶対高度は概略真高度になる。

(3)　気圧高度（Pressure Altitude : PA）

標準大気の気圧と高度の関係から導かれるもので、標準気圧面 29.92in Hg からの高度である。（後述）

(4)　計器高度（Indicated Altitude : IA or Calibrated Altitude : CA）

高度計の規正をして飛行している時の高度である。（後述）

(5)　密度高度（Density Altitude : DA）

標準大気の密度に相当する高度である。航法計算盤や表から求める。飛行高度が 30,000ft で密度高度が 28,000ft であれば、標準大気の 28,000ft の空気密度に相当する密度で即ち実際の高度より大きな密度の中を飛行していることになる。エンジン出力に関係してくる。

8－2　標準大気（Standard Atmosphere）

標準大気は人間が定めた仮想の大気であって、実際の大気とは異なる状態を示すものである。標準大気は次の通り定められている。

(1)　大気は乾燥した空気から成り、理想気体の状態方程式が成り立つ。

(2)　海面において

　　圧力　　1気圧＝29.92 in Hg ＝ 1,013.2 hPa

　　密度　　0.1249 kg・sec^2 /m^4 ＝0.076 LBS/ft^3

　　温度　　15℃

(3)　重力加速度　　9.80 m /sec^2

(4)　温度は高度 1,000 mの上昇で 6.5℃下がる。高度 11,000 m以上は－ 56.5℃で一定である。パイロットとしては 1,000ft の上昇で約2℃（1.98℃）下がると覚えればよい。

標準大気の表の一部を以下に示す。

標準大気表

高度　feet	気圧　in Hg	気圧　hPa	気温　℃	密度　lbs/ft^3
-500	30.47	1032	16.0	0.077
0	29.92	1013	15.0	0.076
500	29.38	995	14.0	0.075
1,000	28.86	977	13.0	0.074
2,000	27.82	942	11.0	0.072
3,000	26.82	908	9.1	0.070
4,000	25.84	875	7.1	0.068
5,000	24.90	843	5.1	0.066
6,000	23.98	812	3.1	0.064
7,000	23.09	782	1.1	0.062
8,000	22.22	752	-0.9	0.060
9,000	21.39	724	-2.8	0.058
10,000	20.58	697	-4.8	0.056
11,000	19.79	670	-6.8	0.055
12,000	19.03	644	-8.8	0.053
13,000	18.29	619	-10.8	0.051
14,000	17.58	595	-12.7	0.050
15,000	16.89	572	-14.7	0.048

8－3　気圧高度計

航空機の高度計といえば、気圧高度計を指す。気圧高度計の本体は気圧計であり、ある高度における気圧を測定して、標準大気の気圧と高度の関係から、高度を表示するもので、実際の高度を測定して表示している訳ではない。標準大気の表から、995hPa（29.38in Hg）の気圧を測定すると、気圧高度計の指針は 500ft を指し、697hPa（20.58in Hg）の気圧を測定すると、気圧高度計の指針は 10,000ft を指すことになる。これ以降、気圧はインチで表示する。

図は小型機用の３針式高度計で、高度 360ft を指している。短針は万の、中針は千の、長針は百の位を指す。数字の２と３の間にある窓をコールスマンウインドウといい、中の数字をコールスマンナンバーという。30.28 を指している。高度計の左下のツマミを回すと、コールスマンナンバーと高度計の指針が連動して動くようになっている。30.28 を 29.92 にすると高度計の指針は下がっていき、ほぼ 50ft を指示する。コールスマンナンバーを大きくすると高度計の指針は上昇し、小さくすると指針は降下する。次節の高度計の規正についての理解のためには覚えておくこと。

３針式の欠点として、短針が中針に隠されてしまって、高度を読み誤ることが起こることがある。現用の中大型機にはそのような欠点を修正した高度計が使用されている。

8－4　高度計の規正

標準大気は仮想の大気であり、実際の大気状態は標準大気とは異なるのが普通である。海面上の気圧が 29.92 インチズとは限らないし、冬の高気圧に覆われれば、海面上で 30.47 インチズ即ち標準大気であれば－ 500ft の高度であり、夏の台風が接近すれば、29.38 インチズで、海面上であるにもかかわらず 500ft の高度を指すことになる。気圧計である気圧高度計を利用して高度計として使用するには工夫が必要である。

1．アルティメータセッティング（Altimeter setting）QNH 法

海抜０ft（標高０ft）の飛行場を例にしよう。海面上の気圧が 29.92 インチズであれば、航空機に搭載された気圧高度計は０ft を指す。コールスマンナンバーは 29.92 にセットしてある。離陸上昇して、標準大気の 5,000ft に対応する 24.90 インチズの気圧を測定すれば、高度計の指針は 5,000ft を指す。実際の大気の気圧減率は標準大気と異なるのが通常であり、高度計の 5,000ft は真高度 5,000ft を意味しているわけではない。求められることは、空港の周辺に来た時に高度計の指針が真高度に極めて近い値を示し、滑走路上にいる時に滑走路の真高度（標高）を高度計が指しておればよいことになる。では、低気圧が接近し、海面上の気圧が 29.38 インチズになった時には、０ft の滑走路上にいるにもかかわらず航空機の高度計の指針は 500ft を指す。高度計の左下にあるツマミを回して、29.92 にセットしてあるコールスマンナンバーを海面上の気圧と同じ 29.38 にセットし直す。500ft を指していた高度計の指針は 500ft 降下して０ft を指すことになる。

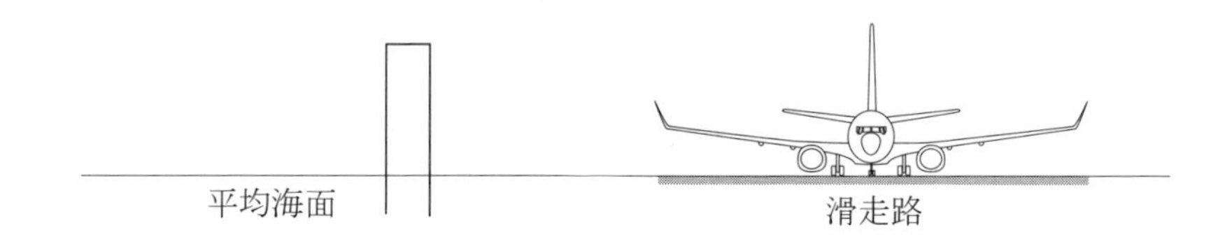

こうすることで、全高度において高度計は標準大気の定められた高度に対して、500ft 低い高度を指示することになる。離陸上昇して、標準大気の 5,000ft に対応する 24.90 インチズの気圧を測定すれば、高度計の指針は 4,500ft を指す。同様に冬の高気圧に覆われて、気圧が 30.47 インチズの時には、29.92 にセットしてある高度計の指針は－ 500ft を指している。コールスマンナンバーを 30.47 にセットすれば、高度計の指針は０ft を指す。こうすれば、全高度において 500ft 高い高度を指示することになる。離陸上昇して、標準大気の 5,000ft である 24.90 インチズの気圧を測定すれば、高度計は 5,500ft を指す。

実際の飛行場における標高は、宮崎空港では 19ft であり、鹿児島空港では 892ft もある。既に述べたように、滑走路上にいる航空機の高度計が飛行場の標高を指しておればよいことであり、そのために高度設基用気圧計（Altimeter Setting Indicator）が飛行場に設置されている。これを用いて、標高が高度計に指示されるように、コールスマンナンバーを自動的に計算し表示される。

このようにして、高度計の規正をすることをアルティメータセッティング QNH 法という。この計算されたコールスマンナンバーが 30.28 であれば、小数点を省略して、QNH3028 と一数字毎に読まれる。標高 360ft の飛行場にいる航空機の高度計のコールスマンナンバーを 30.28 にセットすれば、高度計の指針は 360ft を指す。63 頁の高度計の図はこの時のものである。ただ、駐機場や滑走路上の表面と接しているのは航空機のタイヤであり、高度計はそれよりも高いところに装備されている。輸送機の高

度計が平均的に地上より10ft高いところに装備されているという前提の基に、その高さにある高度計が標高を指すように高度設基用気圧計がコールスマンナンバーを計算表示している。QNHで規正された高度計の指示する高度を一般的に計器高度と呼んでいる。

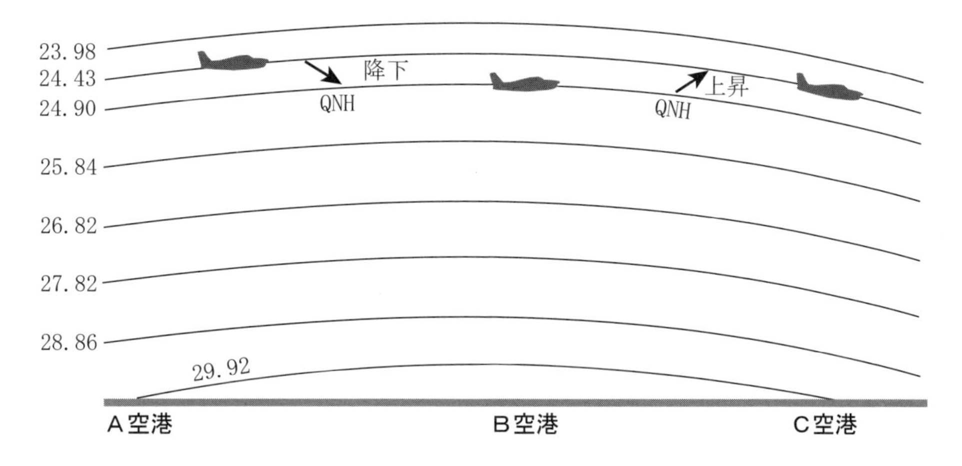

実際の飛行はどのようにして行われるのであろうか。A空港を出発し、B空港、C空港の上空を通過し、D空港に向かう航空機を例にする。A空港のQNH2992を入手し、コールスマンナンバーを29.92にセットすれば、高度計の指針はA空港の標高36ftを指している。離陸し、5,500ftまで上昇し、当該高度を飛行することになっている。標準大気においては5,500ftは24.43インチズの気圧面であり、この気圧の等圧面上を飛行していく。B空港の管制空域に入ったので、B空港のQNH3047を入手し、コールスマンナンバーを30.47にセットしたところ、高度計の指針は上昇していないのに6,000ftを指した。これは標準大気の30.47インチズは－500ftであり、これを0にセットしたことになるので、全ての高度で＋500ftしたことになる。5,500ftを飛行するために、500ft降下して24.90インチズ（標準大気の5,000ft）の等圧面を飛行することになる。B空港の上空に来た時に、高度計の指している5,500ftが真高度5,500ftであるかどうかはその時の大気の状態による。真高度については後述する。C空港の管制空域に入り、C空港のQNH2992を入手した。コールスマンナンバーを29.92にセットしたところ、高度計の指針は5,000ftを指示している。5,500ftまで上昇する。24.43インチズ（標準大気の5,500ft）の等圧面を飛行する。目的地D空港の管制空域に入り、D空港のQNH2980を入手し、セットする。高度計の指針は5,400ftを指しているので、上昇して5,500ftにする。D空港に着陸した時に、高度計の指針はD空港の標高50ftを指している。

同じ空域を飛行している航空機が同じQNHで規正された高度計を使用していれば、高度差は保たれることになる。

2．アルティメータセッティング QNE 法

富士山の標高は約 12,400ft である。富士山より遙かに高い高度を飛行する航空機においては、空域毎に QNH を規正していたのでは煩雑であり、洋上においては QNH が入手できない事態になる。日本においては、14,000ft 以上の高度を飛行する場合には標準大気の 29.92 インチズで高度計を規正することにしている。洋上を飛行する場合も高度に関わりなく、29.92 インチズで高度計を規正する。この高度計の規正法をアルティメータセッティング QNE 法という。航空法によれば、QNH と QNE のいずれかの高度計の規正をして飛行することになっている。洋上管制空域は QNE であり、航空図等に記載されている。

離陸上昇中は QNH で高度計を規正し、14,000ft 以上の高度になれば、29.92 の QNE で規正された高度計の高度で飛行する。この 29.92 で規正された高度を気圧高度と呼ぶ。目的空港に近づき、着陸のため、降下中に高度 14,000ft を切った時に当該空域の QNH で規正された高度にする。着陸した時、高度計の指針は目的空港の標高を指している。

8－5　高度計の誤差

標準大気に定められた高度が気圧に対して非線形のために生じる誤差と、気圧計が弾性材料で製作されていることにより生じる誤差とがあり、両者を併せて計器誤差という。また、飛行中に静圧が正確に採れるのかという装備誤差があり、その外にも誤差があり、これらが総合されたものを高度計の誤差といい、±75ft の範囲にあればよいとされている。運用の面においてはこの誤差は問題とはならない。高度計の誤差についての詳細を知る必要はない。

QNH で規正された高度計の直接指示する高度は指示高度（Indicated Altitude）であり、高度計の誤差等を修正した高度は修正高度（Calibrated Altitude）であり、一般的に、両者をまとめて計器高度と呼んでいる。区別する時には、IA：指示高度、CA：修正高度とする。誤差の量が少ない時や示されていない時は IA ＝ CA と見なしてよい。

8－6　真高度の求め方

洋上を飛行中の航空機の電波高度計は概略真高度を指示している。では、気圧高度計で飛行中の航空機は真高度を求めることができるのであろうか。真高度に近い高度即ち概略の真高度（Approximate True Altitude）を求めることは可能である。

1．近似式から求める真高度

高度計の規正 QNH 法では、飛行場の標高においては真高度を指している。その他の高度ではどうであろうか。もし、標準大気の気圧と高度の関係が $y = f(x)$ の時に、その時の大気の状態が $y = f(x) + k$ であれば、QNH で規正された高度計の指示する高

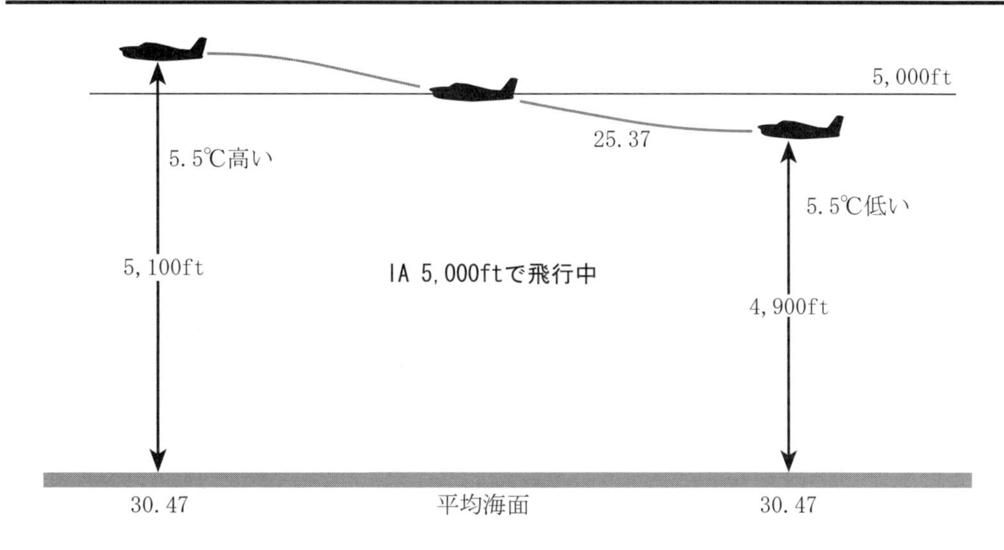

度は真高度である。また、標準大気は気圧と高度と温度も規定されている。標準大気に規定された温度と実際の大気の温度を用いて、指示高度から真高度を算出する数式が存在する。式の詳細は省略するが、飛行高度における測定温度（外気温度）と、飛行高度を気圧高度にした時に標準大気表に定められている温度（標準温度）との間には一定の関係がある。低い高度においては、標準温度に対して外気温度が 5.5℃高ければ真高度は指示高度の２％高く、逆に 5.5℃低ければ真高度は２％低くなる。この関係を用いて概略の真高度を求めて、概略の真高度を真高度と呼び慣わしている。

図の QNH は 3047 であり、計器高度 5,000ft は気圧高度 4,500ft 即ち 25.37 インチズの等圧面を飛行している。海面上の気温が、30.47 インチズの標準気温 16.0℃と同じであり、計器高度 5,000ft における外気温度が標準気温 6.1℃と同じであれば、計器高度 5,000ft は真高度に等しい。海面上の気温が 10.5℃で、外気温度が 0.6℃であれば、標準気温より 5.5℃低いので、真高度は 5,000 － 5,000× ２％＝ 4,900ft になる。海面上の気温が 21.5℃で、外気温度が 11.6℃であれば、標準気温より 5.5℃高いので、真高度は 5,000 ＋ 5,000 ×２％＝ 5,100ft になる。

２．航法計算盤から求める真高度

航法計算盤には真高度を求めるための真高度計算窓がある。これは、標準大気に規定された温度と実際の大気の温度を用いて、指示高度から真高度を算出する数式から導いたものであり、次のようにして真高度を求める。

(1)　計器高度から気圧高度を求める。

(2)　真高度計算窓において、気圧高度と外気温度（機外温度）を合わせる。

(3)　その時の内目盛りの計器高度に対応する外目盛りの数値が真高度である。

（例題１） QNH2938の時、計器高度6,500ftで飛行している。外気温度が6℃であった。この時の真高度を求めよ。

（解法） QNH2938の計器高度6,500ftは、気圧高度7,000ftである。真高度計算窓（FOR TRUE ALTITUDE）において、気圧高度7,000と外気温度6℃を合わせる。内目盛65に対応する外目盛66から真高度6,600ftが求まる。

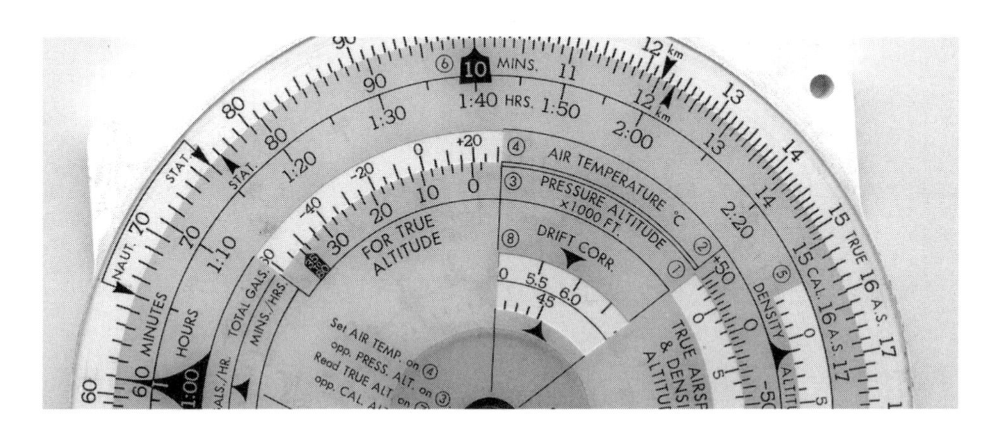

（例題２） QNH2992の時に、真高度5,000ftで飛行するための計器高度を求めよ。外気温度は０℃とする。

（解法） QNH2992より気圧高度はおよそ5,000ftとする。真高度計算窓の０℃と5,000ftを合わせる。外目盛50に対応する内目盛は51であるから、計器高度は5,100ftになる。

（練習問題） 真高度を求めよ。

(1) 気圧高度6,000ft、外気温度＋11℃、計器高度6,500ft

(2) 気圧高度12,300ft、外気温度－20℃、計器高度12,500ft

（解答） (1)6,700ft
(2)12,000ft

8－7 気圧高度の求め方

QNHで規正された高度計の高度は計器高度であり、真高度や次章の真対気速度を求める時には気圧高度が必要になる。以下の方法で気圧高度を求めることになる。

(1) 三角指標のある高度計

高度計には、図の数値目盛７と８の間に位置している三角形の指標が付いている

※3

ものがある。この三角指標はコールスマンナンバーが 29.92 の時には0の所にあり、それより大きな数値にセットした時には反時計方向に移動する。図では 250 移動したことになり、計器高度に－ 250 した値が気圧高度になる。

29.92 より小さな数値にセットした時は時計方向に移動し、三角指標が 120 を指しておれば、計器高度に＋ 120 した値が気圧高度になる。

(2)　三角指標のない高度計

三角指標がない場合には、気圧高度差（Pressure Altitude Variation : PAV）から修正値を算出して求める。PAV は QNH の値と 29.92 インチズとの差から、1インチ 1,000ft の割合で出す。QNH3012 であれば、30.12 － 29.92 ＝ 0.20 となる。PAV から 200ft が出るので、計器高度に－ 200 した値が気圧高度になる。

QNH2976 であれば、29.92 － 29.76 ＝ 0.16 となり、PAV から 160ft として計器高度に＋ 160 した値が気圧高度になる。±の符号はコールスマンナンバーを、大きくすれば高度計の指示は高くなり、小さくすれば低くなることから、QNH が 2992 より大きい時には、小さくするので－の符号を、QNH が 2992 より小さい時には、大きくするので＋の符号を付けることになる。

QNH ＞ 2992　　－ PAV
QNH ＜ 2992　　＋ PAV

(3)　QNH の計器高度で飛行中に、コールスマンナンバーを 29.92 にセットすれば、その時の高度は気圧高度になるので、高度を読んで、元の QNH の値に戻しておけばよい。

（例題）　QNH2986 を入手して、誤ってコールスマンナンバーを 29.68 に合わせて、場周経路に計器高度 700ft で進入した。場周経路の標高を 20ft とした場合に、この時の対地高度（絶対高度）を PAV より求めよ。

（解法）　PAV を求める。29.86 － 29.68 ＝ 0.18　よって 180ft になる。
対地高度＝ 700 ＋ 180 － 20 ＝ 860ft

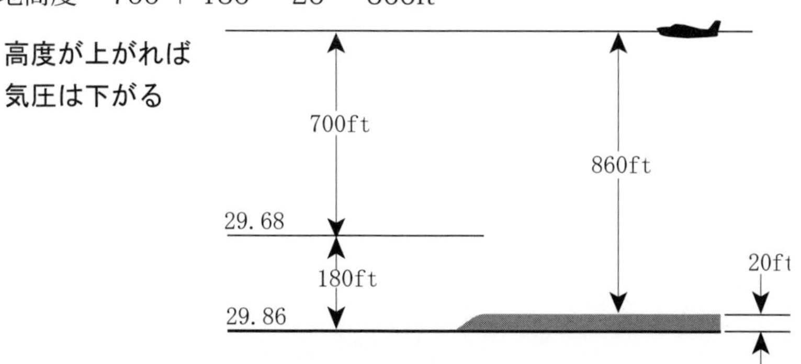

（問題１） 上記例題で、QNH2968 を誤って 29.86 にした場合の対地高度を求めよ。

（解答） 対地高度＝ 700 － 180 － 20 ＝ 500ft

（問題２） QNH2986 を入手して、誤ってコールスマンナンバーを 29.68 に合わせて、標高 1,000ft の飛行場に着陸した。この時の高度計が指示する高度を求めよ。

（解答） PAV は 180ft であり、指示する高度＝ 1,000 － 180 ＝ 820ft になる。
　QNH2986 で着陸すれば、高度計は 1,000ft を指す。そこからコールスマンナンバーを 29.68 にすれば、小さくすれば下がるので、820ft になる。
　あるいは、例題の図において、飛行機のいる高度を標高 1,000ft の飛行場の滑走路上だとすれば、29.86 インチズからは 1,000ft であり、それより高い 29.68 インチズの気圧面からの高度は 180ft 低い高度になる。

８－８　密度高度の求め方

密度高度はエンジン出力に影響するので、航法計算盤を使用して求めることになる。

（例題） 飛行高度 30,000ft で、外気温度－ 27℃である。密度高度を求めよ。

（解法）QNE であり、PA30,000ft となる。外気温度とあるので、大気温度計から温度補正はされているものとする。航法計算盤の真対気速度及び密度高度計算窓（TRUE AIRSPEED & DENSITY ALTITUDE）において、外気温度－ 27℃に PA30（30,000ft）を合わせる。DENSITY ALTITUDE の矢印は 32 を指している。よって、密度高度は 32,000ft になる。

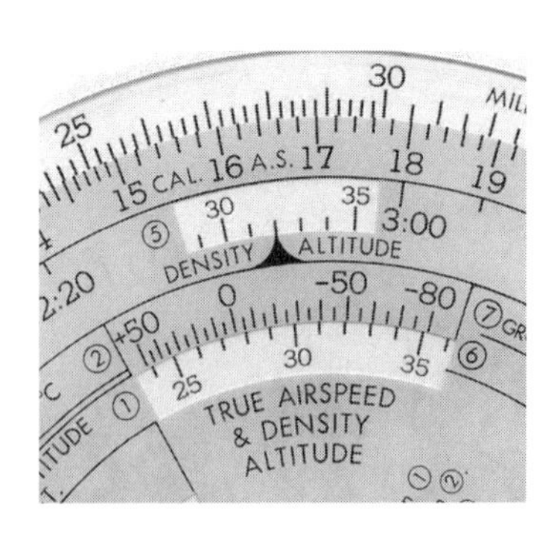

空気に対する速度を対気速度（Airspeed）という。

9－1　対気速度

耐空性審査要領によれば、対気速度は次のように規定されている。

(1)　指示対気速度（Indicated Airspeed ： IAS）

海面上における標準大気断熱圧縮流の速度を表すように目盛られ、かつ、対気速度計系統の誤差を修正していないピトー静圧式速度計の示す速度をいう。要するに、標準大気の海面上の密度で目盛った速度計が示している速度のことである。

(2)　較正対気速度（Calibrated Airspeed ： CAS）

IASを位置誤差と器差に対して修正した速度をいう。CASは理論的に正しい指示速度であるが、航空機では普通CASは示されずに、IASから修正値を加減して導き出している。海面上標準大気ではCASは真対気速度TASに等しい。

(3)　等価対気速度（Equivalent Airspeed ： EAS）

CASを特定の高度における断熱圧縮流に対して修正した速度をいう。高速度になれば、全圧は本来の測定すべき値よりも大きな値を示す。

(4)　真対気速度（True Airspeed ： TAS）

擾乱されない大気に対する速度であり、低速機においてはCASから、中高速機においてはEASから導く。

9－2　真対気速度の求め方

対気速度計（Airspeed Indicator）は、ピトー管から全圧（ピトー圧）Pと静圧管から静圧pを測定し、その差圧即ち動圧と対気速度vとの関係から、対気速度vを求める計器である。飛行高度における空気密度をρとすると

$$P - p = 1/2\ \rho\ v^2$$

となる。空気密度ρは高度によって異なるので、対気速度計の速度目盛りは標準大気の海面上の空気密度ρ_0で目盛ってある。

低速機においては、空気密度ρ_0で指示するCASは標準大気の海面上の密度に対してTASを与えるが、上空では空気密度ρは標準大気の空気密度ρ_0と異なるために、TASを出すためには密度補正を行わなければならない。

理想流体では、

$$TAS = CAS\sqrt{\frac{\rho_0}{\rho}}$$

となる。

密度比$\sqrt{\rho_0/\rho}$は、その高度での気圧と温度と海面での標準大気の圧力（1気圧）を使うことによって表せるので、飛行高度の気圧pと大気温度tに対してCASからTASを求めることができる式がある。航法計算盤はこの式によってTASを算出している。

この密度比は標準大気表の各高度の密度から求められるが、従来、高度1,000ft毎にCASの約2％を加えればTASを求めることができるとされてきた。この2％は対流圏の密度比の平均的な値であり、低速機においてCASからTASを出すような場合には高度は10,000ft前後までであり、10,000ft以下では高度1,000ft毎にCASの約1.6％を加えればTASを求めることができる。

温度に対しても、飛行高度の標準大気の温度と、実際の大気温度から、温度差1℃でCASの0.2％（5℃で1％）を加減すればよい。大気温度が高ければ加え、低ければ減ずればよい。高度を上げれば、空気密度は小さくなるので、密度比の分母が小さくなり、従って、密度比そのものは大きくなり、TASはCASよりも大きな値になるのが普通であるが、低い高度において、気温が極端に低いと、その高度における空気密度が標準大気の海面上の空気密度以上の値になることもあり得るので、その時にはTASはCAS以下の時がありうる。

よって、

一般的には、高度を上げて飛行するので、TAS ＞ CAS

低高度において、極端に気温が低ければ、TAS ≦ CAS

となる。

中高速機においては、CASからEASを出して、TASを求める。

なお、真対気速度計（True Airspeed Indicator）があり、低速機用は機械的原理でTASを算出表示する。真対気速度計を装備していない低速機においては、

IAS →修正値→ CAS →航法計算盤→ TAS

として算出する。

（例題1） QNH3047、計器高度6,500ftで飛行中の航空機のIASが150ktを指示し、外気温度＋5℃である。CASへの修正値が＋3ktの場合に、TASを求めよ。

（解法）　QNH3047、計器高度 6,500ft は、標準大気表より 500ft プラスされているので、気圧高度 PA は 6,000ft である。CAS は 150 ＋ 3 ＝ 153kt になる。航法計算盤から求める。

1)　先ず、航法計算盤の内目盛りと外目盛りを同じ数字に合わせる。真速度計算窓（TRUE AIRSPEED）に PA の 0 から 10（10,000ft）が現れる。

2)　PA6,000 に外気温度（AIR TEMPERATURE）＋５℃を合わせる。

3)　内目盛（CAS）153 に対応する外目盛（TAS）は 168 である。
　　TAS は 168kt になる。

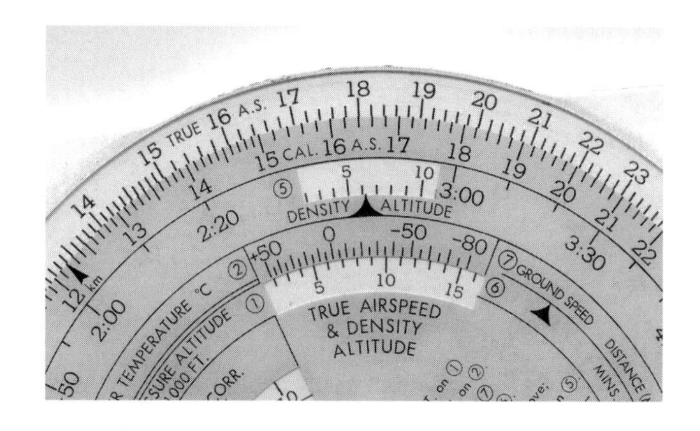

（例題２）　QNH3000、計器高度 12,000ft で飛行中の航空機の IAS が 170kt を指示し、外気温度－ 10℃である。TAS を求めよ。

（解法）　CAS への修正値が示されてないので、IAS ＝ CAS とする。29.92 との差は 0.08 であり、PAV から 80ft の修正値であり、真速度計算窓の高度の目盛と次項の速度計の誤差を考慮すれば、計器高度は気圧高度と見なしてよい。

　PA12（12,000）に外気温度－ 10℃を合わせる。内目盛 170 に対応する外目盛は 204 である。TAS は 204kt になる。

（問題）　次の括弧内を埋めよ。

	気圧高度	外気温度	IAS(CAS)	TAS
(1)	5,500ft	＋ 10℃	125kt	(　　)kt
(2)	2,000ft	＋　5℃	95MPH	(　　)kt
(3)	9,500ft	－ 10℃	152kt	(　　)kt
(4)	7,000ft	－　5℃	(　　)kt	180kt

（解答）

(1)137kt　(2)84kt(97MPH)　(3)174kt　(4)164kt

9－3　速度計の誤差

次の誤差がある。

(1)　計器誤差

機械的、構造的な誤差であり、常温における製造許容誤差は ± 4 kt を超えないようにしてある。誤差を示す目盛曲線や表が利用されるが、通常の航法を行う際には無視しても差し支えない。

(2)　ピトー管取付誤差あるいは位置誤差

全圧と静圧の測定時に生じる誤差である。飛行中の渦流や飛行姿勢から、常に正確に全圧と静圧を測定するとは限らないからである。風洞実験や飛行実験によって誤差は明らかにされ、マニュアル又はハンドブックに修正値が記載されている。

(3)　空気粘性誤差

空気の粘性によって生じる誤差であり、ピトー係数の中に含めて修正してある。

(4)　圧縮性誤差

中高速度になると、空気が圧縮されて、ピトー圧が全圧よりも大きな値となる。低速度においてはこの誤差は無視している。

第10章 無線航法

電波航法の中で無線航法と呼ばれているものを、パイロットが航法を実施する上で必要と思われる範囲で述べる。

10－1　NDB・ADF

無指向性無線標識施設（Non Directional Radio Beacon）を NDB と呼び、水平面内に無指向性（360° 全方向）の中長波帯の電波を放射する無線標識施設である。航空機に搭載した ADF（Automatic Direction Finder : 自動方向探知器）によって、NDB からの電波の到来方向を知ることができる。

NDB は無線施設としての歴史が長く、全地球的規模で広く普及し利用されてきた。しかし、有効通達距離が昼夜で変動することや、空電等による方位誤差が多い欠点から、近年は漸次減少してきており、VORDME に置き換えられつつあり、廃止の方向で検討されている。

1．方位測定

ADF は NDB からの電波の到来方向を測定しており、手動式にあっては機首基標に 0 を合わせると、機首からの到来方向即ち相対方位 RB を針が指示する。これより電波の到来方向の真方位 TB を知るには、TB ＝ TH ＋ RB として計算しなければならない。計算の手間を省くには機首基標に TH を合わせればよく、針は直接 TB を指示する。ジャイロシンコンパスであれば、機首基標には常に CH が示されているので、RMI（Radio Magnetic Indicator ： 無線磁方位指示器）を装備すれば、電波の到来方向を羅方位 CB で指示させることができる。図はジャイロシンコンパスと RMI であり、２針式で一方をシングルバーポインター、他方をダブルバーポインターといい、２局を同時に受信できる。指針の矢印がヘッドで到来方向を指し、他端をテイルという。

（例題） CH050°で飛行中に、ある無線局を RMI で 327°と測定した。この無線局への TB を求めよ。ただし、無線局の偏差は７°Wであり、航空機のいる所の偏差は６°Wである。また、自差表から MH050°付近は自差２°E であり、MH330°付近の自差は１°Wである。

（解法） CB ＝ CH ＋ RB であるから、CB ＝ 050°＋ 277°＝ 327°

自差は MH と CH の関係であり、自差２°E となる。よって、

MB ＝ MH ＋ RB　　MB ＝ 052°＋ 277°＝ 329°

偏差については、航空機の MH を TH に直すものであり、航空機のいる所の偏差６°Wを使う。

TB ＝ TH ＋ RB　　よって、TB ＝ 046°＋ 277°＝ 323°

直接、CB ＝ 327°　自差２°E　MB ＝ 329°　偏差６°W　TB ＝ 323°と計算をしてよい。自差を間違えないこと。

（Compass → Magnetic → True　とする時は、E は＋、Wは－）

２．NDB・ADF の誤差

次の誤差が知られている。

(1) 象限誤差（４分円誤差）

機首尾線方向に NDB がある時には方位誤差は小さいが、相対方位の 45°、135°、225°、315°の方向に NDB がある時には誤差は大きくなる。器差表を作って修正する。

(2)　海岸線誤差

地表波の伝搬速度は、陸上に比べて海上の方が２～３％程度速いので、陸上から到来する電波を海上で測定すると、海岸線に近づく方向に屈折して誤差を生じる。通常は無視できるほど小さいものである。

(3)　夜間誤差

夜間になると、最小感度方向が不鮮明になり、針のふらつきが大きくなる。

(4)　空電による誤差

雷によって放電が生じると、方位測定に誤差が生じる。

３．NDBへのホーミング

ADFを利用して、航空機の針路を常にADFが示すNDBへの方向へ向ければ、NDBに向かって飛行することができる。ADFを利用したホーミングという。風がない時、あるいはコースに平行な時と比べて、風の横風成分の強い時には航跡は風下側に膨らんだものになる。

航空機がNDB上空にさしかかると、ADFの針は左右にふらつき、局上を通過すると、針は反転して、通過したことが分かる。

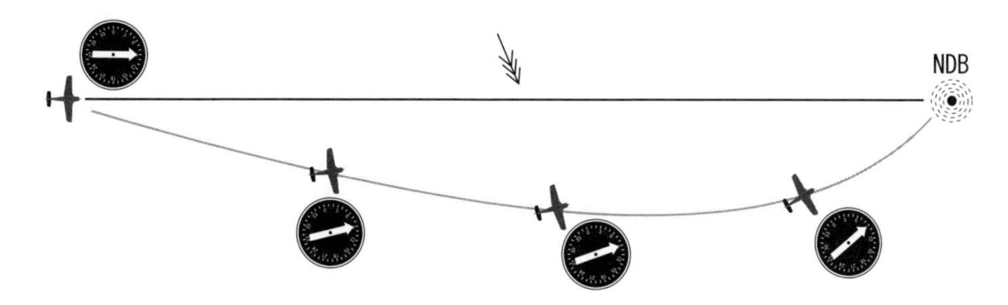

10－2　VOR

VOR（VHF Omni-Directional Radio Range：超短波全方向式無線標識施設）は近距離無線航行援助施設の国際標準方式として各国で採用されており、我が国でも主な航空路及び空港に設置され、航空機に磁北からの方位情報を与える航空保安無線施設である。航空機にはVOR受信機を搭載し、VORからの磁方位を測定する。VORは通常DME（後述）と併設される。

１．VORの特徴

(1)　NDBに比べると、方位精度は良い。（５°以内）

(2)　空電の影響をほとんど受けない。

(3)　VHFの直進性により、有効通達距離は見通し内に限られる。

(4)　周辺の建造物や地形の影響を受けやすい。

2．有効通達距離

有効通達距離は高度に影響を受ける。電波は対流圏では地表に少し近づくように屈折するので、地球の曲率のために生じる光学的見通し距離に対して、電波見通し距離の方が少し大きくなる。有効通達距離（電波見通し距離）をD（浬）とし、飛行高度をh（m）とし、VORの標高をH（m）とすると

$$D = 2.22(\sqrt{h} + \sqrt{H})$$

となる。

飛行高度に対して、標高は小さいので、両者の高度差を飛行高度と見なすことにする。飛行高度 1,000ft（300m）における有効通達距離は 38.5 浬になり、次の式が成立する。

$$38.5 = 1.22\sqrt{1000}$$

出力によって有効通達距離は変化するが、4,000ft は 4×1,000 でDは 77(38.5×2) 浬になる。9,000ft ではDは 115 浬になる。

3．方位測定

VORは基準位相信号と可変位相信号を組み合わせて、VORを基準とした磁方位情報を機上受信機に提供するものである。RMIを装備していれば、RMIのテイルがVORからの磁方位：ラディアル (Radial) を指示している。図のRMIはラディアル 270 を指しており、VORの局から磁方位 270° の大圏上に位置していることを表している。

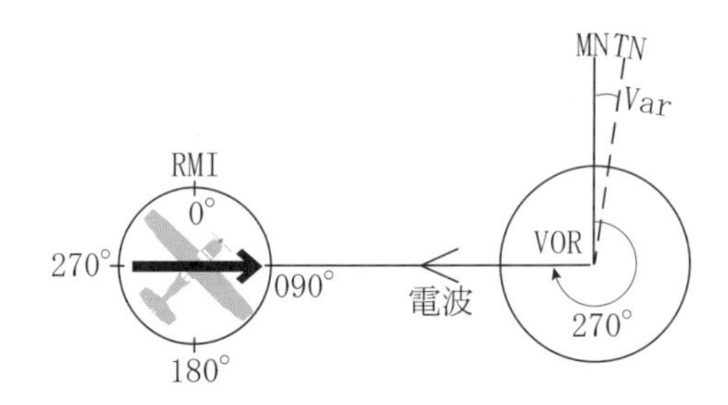

RMIを装備していない航空機にあっては、VOR受信機のオムニベアリングセレクター（Omni Bearing Selector ： OBS）のダイアルを回して 270 とセットする。計器中央のニードル：CDI（Course Deviation Indicator）が中央を指し、TO － FROM 指示窓に FROM 指示があれば、ラディアル 270° の大圏上にいることが分かる。また、OBS に 090 をセットすると、指示窓に TO 指示が現れ、CDI が中央を指す。

なお、ランベルト航空図においては、VOR からのあるいは VOR への方位線を引く場合には、VOR 局の直近の子午線にプロッターを当てて方位を合わせる。ADF の場合には航空機がいると思われる付近の子午線にプロッターを当てて方位を合わせる。

4．VORへのトラッキング

上記において、VOR 局に向かうことにする。

(1)　OBSに090をセットすると、指示窓にTO指示が現れる。風が分かっている時には偏流修正角を取って、針路を風上側に向ける。風が分からない時の操作法は省略する。

(2)　針路を維持していると、CDIが右か左に振れる時がある。所定のコースから外れたことが分かる。CDIの振れた方向に針路を修正する。CDIが中央に戻れば、コースに復帰したことになる。適切な横風修正を取るとCDIは中央に位置している。

このようにして、十分な横風修正をして、発信局への所定のコースを飛行することをトラッキングという。この例はインバウンド（局へ向かう）であり、局から離れるコースをトラッキングすることもある。アウトバウンドという。この例では、OBSに270をセットしてFROM指示が出て、CDIが振れた方向に針路を修正しながら、CDIが中央を指すように偏流修正角を適切にとって飛行すれば、VORからの磁方位270°の大圏上をアウトバウンドに飛行することになる。

また、ADFを利用して、NDBへのトラッキングも可能である。NDB及びVORへのトラッキングの操作方法（操縦法）は計器飛行で学んでほしい。

なお、方位と航法関係の情報を一つにまとめた計器を水平位置指示計あるいはHSI（Horizontal Situation Indicator）という。HSIはコンパスとCDI、OBS、TO－FROM指示器を組み合わせたようなもので、磁方位と磁針路を表示し、真方位と真針路に切り替え可能なものもある。セットしたコースからの偏位を指示する。図はHSIの一例である。

※4

10－3　DME

距離測定装置DME（Distance Measuring Equipment）は、TACAN（後述）の距離測定系統を独立させて、DMEとし、VOR又はILSと併設される。短距離航法援助施設として、地上局から航空機の受信機に対して両者の距離（斜距離）を連続的に提供する装置である。

1．DMEの特徴

(1)　VORと併設して、航空機の位置を簡単に求められる。

(2)　UHF帯の電波を使用しているため、空電や天候に左右されない。

(3)　距離の精度が優れている。

(4)　連続的に距離情報が提供される。

(5)　混信、雑音及び他の妨害信号による誤差が少ない。

(6)　見通し距離に限られ、通達距離は高度が低いと小さくなる。高い高度においても200浬が限度である。

(7)　地形や地物の影響を受ける。

2．距離の測定と精度

機上のDME装置（インタロゲータ）から質問信号を発信し、これを地上DME装置（トランスポンダー）が受信して、応答信号を送信する。機上装置はこれを受信し、質問信号より応答信号受信までの時間を測定し、これから距離を計算し、距離指示計に浬数を数字で表示する。表示距離は斜距離（Slant Range or Distance）である。

DMEの距離誤差については、規定上は斜距離の３％又は0.5浬のうち大きい方の値以下であることとなっている。実際には、DMEの距離測定性能は極めて精密で信頼性があり、距離測定可能な全範囲において、その測定誤差は ±0.2浬以下となっている。航法を実施するうえで、DMEの誤差は無いものと見なして差し支えない。

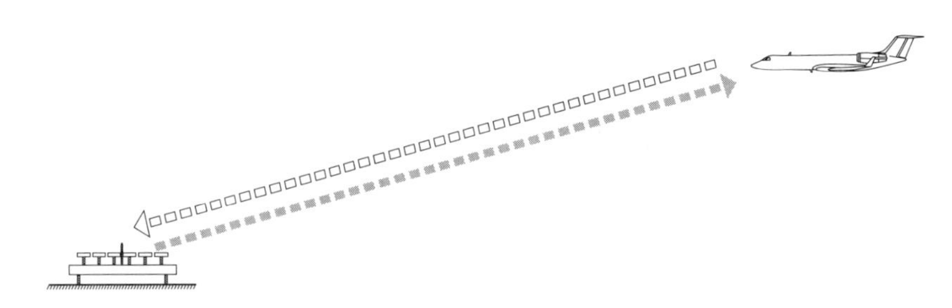

3．斜距離と水平距離

航空機の位置を出す時に必要となるのはDMEからの水平距離である。DMEの斜距離をＤとし、その時の水平距離をｄとし、DMEの地上装置と機上装置の垂直距離をｈとする。飛行高度の6,000ftは約１浬なので、ｈは飛行高度とする。図から明らかなように、ピタゴラスの定理が成立する。

$$D^2 = d^2 + h^2$$

高度6,000ftで飛行中にDMEから２浬を得た。水平距離を求める。6,000ftは１浬であり、１、２、$\sqrt{3}$より水平距離ｈは1.73浬になる。飛行高度の２倍の斜距離を得たならば、その斜距離の８掛けか９掛け（0.85倍）すれば水平距離が出る。

45°の場合には１、１、$\sqrt{2}$より、DMEの距離が飛行高度の４割増の距離であれば、飛行高度が水平距離になる。9,000ft（1.5×6,000）の高度でDME2.1浬であれば、水平距離は高度1.5浬（9,000ft）と同じである。DME1.5浬であれば、DMEの9,000ft

上空近辺である。

では、高度の3倍以上の距離であればどうするのか。$\sqrt{9-1} = 2.82 \fallingdotseq 3$ よりDMEの距離を水平距離と見なして差し支えない。まとめると次のようになる。

高度を浬に換算して、

(1)　DMEの距離が高度の4割増であれば、飛行高度が水平距離になる。
(2)　DMEの距離が高度の2倍であれば、その距離の8～9掛けが水平距離になる。
(3)　DMEの距離が高度の3倍以上であれば、その距離を水平距離にしてよい。

（例題）　VORDMEにインバウンドに正確にトラッキングしている時、DMEの表示が50浬から28浬になるのに8分かかった。この時のGSを求めよ。

（解法）　距離の変化は50 − 28 = 22浬である。航法計算盤で、外目盛りの22に内目盛りの80を合わせ、内目盛60に対応する外目盛165がGSである。GS165ktになる。

（問題）　VORDMEにインバウンドに正確にトラッキングしている時、DMEの表示が54浬になった。2分後に49.5浬であった。この時のGSとVORDMEへの所要時間を求めよ。

（解法）　距離の変化は54 − 49.5 = 4.5浬より、計算盤からGS135ktになる。この時の外目盛49.5に対応する内目盛は22であるので、所要時間は22分間である。

10－4　TACANとVORTAC

1．TACAN

TACAN（Tactical Air Navigation : 極超短波全方向方位距離測定装置）はアメリカ海軍が開発した近距離航法システムであり、方位情報と距離情報をUHFで提供する無線施設である。

2．VORTAC

既に述べたように、TACANの距離情報を独立させたものがDMEであり、民間機にとってはTACANから距離情報を得て、VORが併設されていれば、方位情報を得ることができる。VORとTACANを併設設置した施設をVORTACという。民間機と軍用機が共用することができる。民間機はVORから方位情報をTACANから距離情報を得て、軍用機はTACANから方位情報と距離情報を得る。

10－5　無線航法と位置の線

これまで述べてきた無線航法装置から得られる方位や距離の情報のことを位置の線

（Line of Position : LOP）と呼ぶ。LOP には広い意味があり、航空機がいるであろう線（曲線を含む）を指しており、方位線は大圏であり近距離においては直線として処理し、距離の線としては円弧として処理し、ロラン等は双曲線として処理する。

1．方位情報からの位置

ADF や VOR 等から方位情報を得て、これを位置の線として、２～３本の LOP を組み合わせて、航空機の位置を求めることができる。２本の方位線の時にはこれらの LOP が互いに直交するような無線局を選定するのがベストであり、これらの交角が 30° 以下になる時は誤差が大きくなるので、もう１本の LOP を得るようにすべきである。３本の方位線から位置を求める時には、全周にわたって互いに 120° の交角になるような局を選定できるようにすれば、精度の高い位置が期待できる。このようにして何本かの方位線を組み合わせて位置を求めて行う航法を $\theta - \theta$ 航法という。

2．方位と距離情報

VORDME や VORTAC から方位と距離の情報を得て、位置を出すことができる。この場合には、方位線と距離線（円弧）は直交するので精度はよい。このようにして、方位と距離から位置を出して行う航法を $\rho - \theta$ 航法という。

また、DME の距離情報を組み合わせて位置を出す航法を $\rho - \rho$ 航法という。DME の距離の精度は高く、VOR の方位の精度は DME の精度に比較すると低いので、位置の精度は $\rho - \rho$ 航法が極めて高く、$\rho - \theta$ 航法、$\theta - \theta$ 航法と順に位置の精度が落ちていく。

3．FIX

２本以上の LOP を組み合わせて求めた位置を FIX(Fixed Position) という。本書では FIX を測定位置とする。測定値には誤差が伴うので、FIX にも誤差はつきものである。GPS の位置の精度は他の物と比較して比べものにならないほどに良いが、誤差が無いわけではない。

２本以上の LOP を組み合わせて FIX を出す場合に、LOP の測定時刻は同時刻でなければならない。時間差が生じると、その間に機体は移動しているので、LOP の交点を FIX とすることはできない。時間差の生じた LOP を同一時刻の LOP として処理することをラン（RUN）の改正という。測定時間差は小さいほどよい。詳細は省略する。

10－6　タイムディスタンスチェック（時間／距離測定法）

VOR には DME が併設されており、ADF しか装備していない航空機に NDB への距離と所要時間を概略値で知らせるものであり、翼端方位変化を利用する方法の概略を示す。

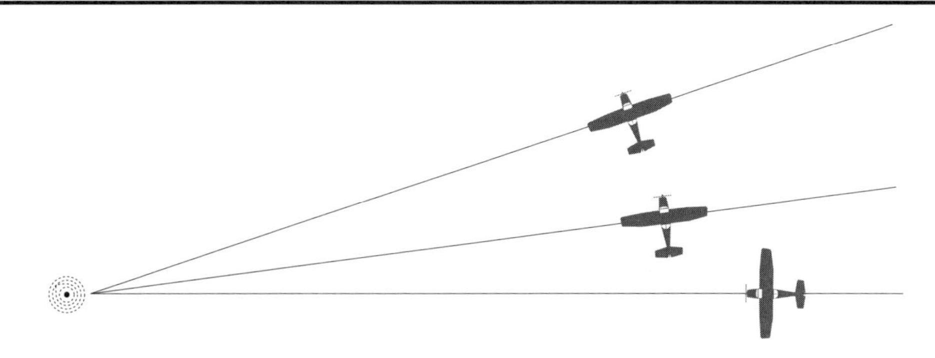

インバウンドで局に向かい、右又は左に 80° 旋回し、ADF の方位変化に要した時間をチェックする。方位変化量とそれに要した時間から、局への距離と所要時間の概略値が算出できる。

局への距離＝ TAS ×飛行時間（分）/ 方位変化量　　TAS を GS としてもよい
局への所要時間＝ 60 ×飛行時間（分）/ 方位変化量

（例題） ADF によるタイムディスタンスチェックを実施した。ADF にインバウンドで針路一定にして向かい、変針して ADF の指針を 080° から 090° に変化するのに要した時間を測定したら、２分間であった。この時の TAS は 120kt である。局までの距離と所要時間を求めよ。

（解法） 局への距離＝ TAS ×飛行時間 ÷ 方位変化量
＝ 120× 2 ÷10 ＝ 24NM
局への所要時間＝ 60× 飛行時間 ÷ 方位変化量
＝ 60 × 2 ÷10 ＝ 12 分
局までの距離と所要時間は、24 浬で 12 分間である。

出発地から目的地まで飛行するためには、事前の準備が必要不可欠である。その一つとして、飛行計画（Flight Plan）がある。飛行計画には航路計画、燃料計画及び安全計画がある。この章においては航路計画と燃料計画の二つを学び、安全計画については章を改めて学ぶことにする。

11－1　飛行計画の準備

1．航空図の選択

最新の航空図あるいは最新の情報が修正記載されている航空図であって、飛行区域を含む、縮尺の適切なものを準備する。25 万分の 1 、50 万分の 1 、100 万分の 1 または 150 万分の 1 のランベルト航空図が用いられる。

2．コース及び高度の選択

(1)　不時着場、代替飛行場、管制区域、航法援助施設等を考慮して、通過点（変針点）を求めてコースを決定する。

(2)　気象状況から、IFR あるいは VFR を決定し、最低経路高度（MEA）または山の高さ等から飛行高度を決定する。地表と飛行高度の風、雲の状況、視程、気流、着氷の状況を参考にする。

3．性能及び飛行計画諸元

使用航空機の性能及び飛行計画諸元をよく理解しておく。

4．飛行情報等

NOTAM や AIP 等から飛行に関する情報を収集しておく。

11－2　飛行計画の作成

所定の Flight Plan 用紙を準備して、飛行計画を作成する。

（例題）９月 21 日 0930 に A 空港を出発して、B 地点、C 地点、D VORTAC を経由して、E 空港に向かう航空機の飛行計画を作成せよ。

FROM	TO	TC	Var	Dist
A 空港	B 地点	263°	7.5°　W	86 浬
B 地点	C 地点	253°	7.5°　W	88 浬
C 地点	D VORTAC	213°	7.5°　W	81 浬
D VORTAC	E 空港	207°	7°　W	107 浬

飛行計画諸元は以下の通りとする。

		風	自差
第１コース	上昇	280°　16kt	2°　E
	巡航	310°　22kt	2°　E
第２コース		340°　30kt	2°　E
第３コース		300°　34kt	1°　W
第４コース	巡航	280°　28kt	1°　W
	降下	310°　18kt	1°　W

飛行高度　　10,500ft
昇降率　　500ft/min

TAS　　上昇中　　110kt
　　　巡航中　　150kt
　　　降下中　　120kt

燃料消費量／時　　上昇中　　40GAL
　　　　　　　　巡航中　　30GAL
　　　　　　　　降下中　　20GAL

予備燃料として巡航１時間分の量を搭載する。

（解法）　NAVIGATION LOG 用紙を準備する。色々な書式があるが、細部についての違いであり、一例を示す。作成した NAVIGATION LOG を参照のこと。

1)　Flight Plan に用いる略語の一例を示す。

RCA（Reaching Cruising Altitude）	巡航高度到達地点
EOC（End of Cruise）	巡航終了地点
ZD（Zone Distance）	区間距離
Cum Dist（Cumulative Distance）	累計距離
ZT（Zone Time）	所要時間
Cum Time（Cumulative Time）	所要時間の累計
ETO（Estimated Time of Over）	通過予定時刻
ATO（Actual Time of Over）	通過時刻
ETA（Estimated Time of Arrival）	到着予定時刻
ATA（Actual Time of Arrival）	到着時刻
F / F (Fuel Flow)	燃料消費量 / 時

2)　コースのなかで、TAS、高度、F / F または風が変化している場合には同じ条件の ZONE に分ける。この例では、A 空港と B 地点間においては上昇中の ZONE と巡航の ZONE に、D VORTAC と E 空港間においては巡航の ZONE と降下の ZONE に分ける。コースは 4 区間で、ZONE は 6 個になる。

3)　与えられた諸元（高度、TAS、風、自差、F / F）を記入する。

4)　本来は、航空図から、各コースの TC と距離を測定し、偏差を読んで記入する。上昇降下地点が不明であるから、A 空港－ B 地点と D VORTAC － E 空港はまとめて TC と距離を測り、距離については二つの ZONE の中間に括弧で囲んで記入する。偏差は二点間の平均値とし、0.5°単位で記入する。

5)　A 空港－ RCA の ZONE を計算する。TC とあるので計画の風力三角形である。風はグロメットに吹き込みに入れる。グロメットが E 点であり、PGS になる。WCA は 0.5°まで読むこと。CH は 270.5°に、PGS は 94kt になる。

RCA までの距離は不明であるので、上昇に要する時間から距離を導き出す。500ft ／ min であるから、計算盤の外目盛り 50 に内目盛り 10 を合わせる。1 分間に 500ft は 10 分間に 5,000ft であり、外目盛 105 に対応する内目盛 21 が 10,500ft まで上昇するのに要する時間 21 分である。PGS94kt より計算盤から、RCA までの距離 33 浬が出る。A 空港―B 地点の距離が 86 浬であるから、RCA － B 地点の距離は 86 － 33 ＝ 53 浬となる。上昇の F / F 40GAL より消費燃料は 21 分間で 14GAL となる。

6)　RCA － B 地点の ZONE は PGS と距離から ZT を出して、燃料消費量を出す。D VORTAC まで同じ要領で計算する。

7)　D VORTAC － EOC の ZONE は CH と PGS まで計算する。この間の距離が不明であるので、先に、EOC － E 空港を計算する。距離が不明であっても、降下に要する時間が 21 分間と分かっているので、降下の PGS123kt から距離 43 浬を出すことができる。D VORTAC － EOC の ZONE の距離 107 － 43 ＝ 64 を求めて、ZT と消費燃料を計算する。

8)　Cum Dist、Cum Time 及び Cum Fuel を、出発時刻 0930 より ETO を計算する。

9) Cum Fuel の 81.6GAL が Burn off Fuel であって、FUEL TO DEST に記入する。RESERVE FUEL 30GAL を加えて、FUEL AT TAKE-OFF 111.6GAL となる。

10) 飛行時間の累計は 2 時間 43 分であり、E 空港到着予定時刻は 1213 になる。

以上のことは計画であり、実際の飛行において、風は変わるものであり、針路の修正をして、ETO と ATO を比較しながら、計画にこだわることなく、適切に対応することが要求される。実機の訓練において十分に演練されたい。

＊ 自家用操縦士の学科試験問題航法に出題される航法ログは単純化されており、受験対策としては第 14 章航法ログの自家用の問題を練習されたい。

NAVIGATION LOG

DATE　9/21　JA　NAME　FROM Ａ空港　TO Ｅ空港　TKOF　0930

FROM	TO	ALT	TAS	WIND	TC	WCA	TH	Var	MH	Dev	CH	GS	Dist	Cum Dist	ZT	Cum Time	ETO	F/F	Fuel	Cum Fuel
Ａ空港	RCA	CLM	110	280/16	263	＋2	265	7.5W	272.5	2E	270.5	94	33 (86)		0+21		0951	40	14.0	
RCA	Ｂ地点	10,500	150	310/22	↓	＋6	269	↓	276.5	↓	274.5	135	53	86	0+23.6	0+44.6	1014.6	30	11.8	25.8
Ｂ地点	Ｃ地点	↓	↓	340/30	253	＋11.5	264.5	↓	272	↓	270	145	88	174	0+36.4	1+21	1051	↓	18.2	44.0
Ｃ地点	D VORTAC	↓	↓	300/34	213	＋13	226	↓	233.5	1W	234.5	145	81	255	0+33.6	1+54.6	1124.6	↓	16.8	60.8
D VORTAC	EOC	↓	↓	280/28	207	＋10	217	7W	224	↓	225	139	64 (107)		0+27.6	2+22.2	1152.2	↓	13.8	74.6
EOC	Ｅ空港	DCN	120	310/18	↓	＋8	215	↓	222	↓	223	123	43	362	0+21	2+43.2	1213.2	20	7.0	81.6

OPERATION WT	
FUEL WT	
GROSS WT	
FUEL TO DEST	81.6
FUEL TO ALTER	
RESERVE FUEL	30
TTL RESERVE FUEL	
FUEL AT TAKE-OFF	111.6

地文航法（Pilotage or Pilot Navigation）はパイロットが地形地物と航空図を見比べて行う航法である。最初に行われた航法であり、初歩的ではあるが、難しい面があり、パイロットの誰もが通らねばならない最初の関門である。最新の航法装置にも繋がるものであり、地文航法の知識と技術を習得して、パイロットとしてのセンスを磨いてほしい。地文航法が無くなることはない。

地文航法を成功させるためには、飛行前の綿密な計画、周到な準備、飛行中の正しい手順及び適切な判断と処置が求められる。小型機の狭い座席で操縦をしながら、地文航法を実施するパイロットについては大切なことである。

12－1　地形地物と航空図

眼下に広がる地形地物と航空図を見比べて地文航法を実施する時に、留意すべきことがある。地図である航空図には省略と誇張があり、目に見えているものが航空図に記載されていないことが多い。逆に、航空図に記載されているのに、上空から見えない物がある。そこで、航空図に記載されていて、上空から見える物を目標物として選定する必要がある。このように、航空図から航法を実施するのに必要な情報を読み取ることを航空図判読（Map Reading）という。地文航法を実施する時の必須項目である。

12－2　航空図判読

航空図には航法を実施するのに必要な資料や諸元が記載されている。航空図の種類によって記号略語等は異なるので、その航空図に使用されている記号略語を凡例から確認して理解しておく必要がある。

1．航空図記号

(1)　航空関係

イ．飛行場及び飛行場諸元

ロ．航空保安無線施設

ハ．航空灯火

ニ．昼間障害標識

ホ．航空路、禁止制限空域

ヘ．海洋灯台

ト．雑記号　　等偏差線、報告地点

(2)　地形関係

イ．都市、町、村落、道路、鉄道、橋、トンネル

ロ．等高線

ハ．水域　　湖、沼沢、河川、ダム

2．航空図判読上の留意事項

航空図は機首尾線に合わせて向ける。地図を整列にするという。針路が南であれば、航空図は南向き即ち逆向きになる。文字は読みづらくなるが、位置関係が把握しやすくなり、左右のどちらに見えるのか、どちらに行くべきなのかが分かり易いという利点がある。

以下のことを留意する。

(1)　概略の機位を推定し、航法誤差を考慮する。

120kt の速度であれば 10 分間で 20 浬であり、150kt であれば 10 分間で 25 浬であり、大体この付近にいるはずであると推定する。

(2)　物標の記号を確認し、その特徴を識別する。

人は自分の知っているものに当てはめたくなるものであり、早合点しないことが肝要である。

(3)　相対位置関係を把握する。

概略の機位から、地形地物の関係がどのようになっているのかを相対的な位置関係から把握する。

(4)　飛行高度から、視認限度と見え具合を判断する。飛行高度は 2,000 ～ 6,000ft が適している。

(5)　地表面の変化に注意する。

3．航空図判読に選定すべき物標

航空図に記載されていて、視認できるものを選ぶべきである。以下に例示するが、あくまで参照の程度を越えるものではない。実際の飛行において、教官から選定すべき物標を予め教えてもらうことである。

(1)　山岳地帯

イ．突出した山頂、峡谷

ロ．鉄道線路

ハ．谷にかかっている大きな橋

ニ．ハイウェイ及び展望台

ホ．トンネルの出入り口

(2)　沿岸地帯

イ．特殊な形状をした海岸線

ロ．灯台

ハ．市街地、建造物

(3)　都市部

鉄道の駅やバスのターミナル

(4)　農村地帯

鉄道の駅

＊　判読に選定すべき物標に対して、車等で行けるのであれば、その場所を自らの目で確かめておくのが良い。人間の目は三次元で物事を把握しているので、一度行ったことのある場所は上空から見てもきちんと判別できる能力を備えている。事前に知っている物標の数は多いほど地文航法に有利である。10 年間九州で地文航法を実施していても、初めて飛ぶ関東平野では、その地で 1 年間地文航法を実施している者のほうが地文航法の腕前は上である。

12 － 3　地文航法の準備

1．航空図の選択

航空図は最新のものあるいは最新の情報が修正記載されているものを選ぶべきである。縮尺は 20 万分の 1 ～ 50 万分の 1 が適切である。ヘリコプターにおいては道路地図で代用することも可能である。航空関係の情報が適切に記載され、地形地物も地文航法実施上必要なものが記載されているものを選ぶことである。代表的なものに、50 万分の 1 区分航空図がある。25 万分の 1 TCA、20 万分の 1 地勢図及び 25 万分の 1 県別地図等も利用できる。

2．コース及び高度の選択

コースと高度の間には密接な関係があり、以下の点を考慮して決定する。

(1)　飛行安全

コース上近辺において不時着場が求められ、代替飛行場を計画できること。制限禁止区域が設けられている時はこれらを避けること。また、管制空域は航空交通が輻輳するので、できれば避けること。

(2)　気象

イ．地表及び飛行高度の風のデータを収集する。

ロ．コース上及び付近の雲量雲高のデータを収集する。

ハ．視程不良は地文航法を困難にするので、そのような空域は避けるようにする。

ニ．気流の状態、冬季においては着氷の有無及び夏期においては積乱雲の有無等のデータを収集する。

(3)　通過点（変針点）

通過点（Waypoint : WPT）は、一つのチェックポイントであり、コースを決定する重要なファクターであり、直航が最善とは限らないので慎重に選定すること。（後述）

通過点としては著名な物標であり、航空図に記載されているものを選定すべきである。

(4)　航空機の性能とパイロットの技量

機体の性能及びパイロットの技量を考慮して、コースを選定する。

(5)　航法誤差

位置の誤差は時間の経過と航程に比例して増大するので、航法誤差の範囲を予想して、コースを選定する。

３．チェックポイントの選定

コース上あるいはコースの付近にあって、位置の確認あるいはコースからのズレをチェックすることのできる物標をチェックポイントという。これによって、コースからのズレや機位の確認をして、コースに復帰するための針路を決定することができる。地文航法を実施するにあたっては必要不可欠なものである。次の要件を満たすものであること。

(1)　航空図に記載されていて、顕著なものであること。

(2)　チェックポイントまでの距離は飛行時間にして 10 ～ 15 分の間隔であること。

12 －４　地文航法における機位決定法

航空図に記載されている物標の直上に位置しておれば、機位は簡単に求められるが、物標から離れている時には、目測によって、当該物標までの方位と距離を測定して機位を求めることになる。無線航法の VORDME から方位と距離を得て、FIX を出すのと同じ原理ではあるが、目測の技量、能力によって、位置の精度が決まってくるので、飛行中に目測の訓練を十分にしておくべきである。

１．距離測定法

距離の目測は非常に難しいもので、地文航法の成否を決定するものであると言っても言い過ぎではない。距離目測の方法と技量を磨くべきである。

(1)　俯角による方法

俯角を θ とした時に、俯角＝仰角であり、図から明らかなように、

水平距離＝高度× $\cot\theta$

よって、

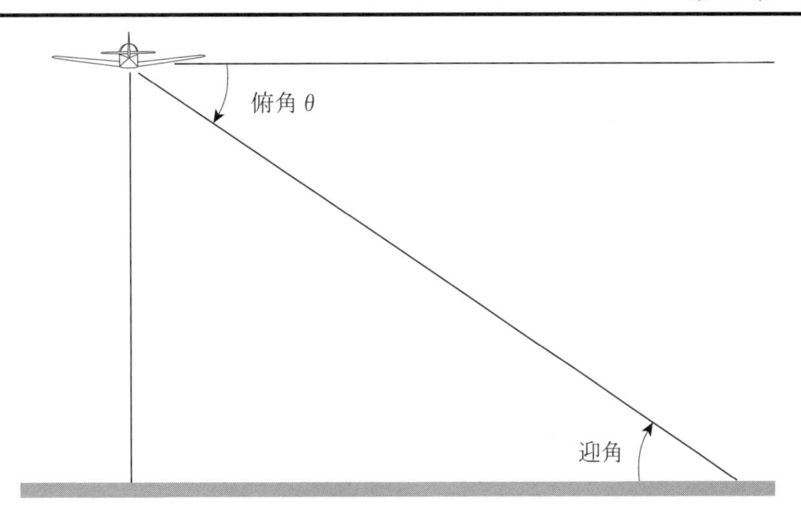

俯角 45°の場合　　　　水平距離＝高度
俯角 27°の場合　　　　水平距離＝2×高度
俯角 18°の場合　　　　水平距離＝3×高度
俯角 14°の場合　　　　水平距離＝4×高度

となるので、事前に操縦席に座って、機体の顕著な点から俯角を測定して、該当する俯角の見当を付けておけば良い。既に述べたように、6,000ft 1浬から、飛行高度と俯角の関係から距離を表にしておくと便利である。

(2)　比較による方法

航空図に記載してある2物標間の距離を図上で測定し、それと距離を目測する物標との距離を比較して推定する。

2．方位測定法

相対方位RBから真方位TBを出す。TB＝TH＋RBであり、事前にRBを出しておく。操縦席に座り、機体各部の突起物等からRBを測定しておいて、表にしておけばよい。実際の物標のRBは既知のRBから推定する。

3．機位決定法

VORDMEから位置を出すのと同じ要領で、方位と距離から位置を出すことができる。実際の地文航法においては、機体の正横（アビーム：Abeam）にチェックポイントが来た時に距離を測定して位置を出している。距離の目測が大切なわけである。

12－5　地文航法の実施要領

1．プレフライトの手順

(1)　コースを選定し、TCを求める。

(2)　コースに沿ってチェックポイントを選ぶ。チェックポイントはコース上から外れていても良い。

(3)　各チェックポイント間の距離を測る。

(4)　予想の風を用いて、最初の羅針路、チェックポイント間の所要時間及び到着予定時刻を求めておく。

2．離陸から発動まで

(1)　離陸したら、発動に便利なように操縦して発動点に向かう。

(2)　プレフライトで決定した羅針路で発動点から出発する。

(3)　発動時刻をログに記入し、次のチェックポイントの ETO を算出する。

(4)　針路、対気速度及び高度を一定にして飛行する。

3．チェックポイントの利用法

コースを飛行するために決定した針路で飛行していても、予想の風と実際の風は異なるのが通常であり、航跡 TR は TC とは一致しない（オフコース）のが通例であり、チェックポイントのアビームで距離を出して、コースからの偏位を求めることになる。TC と TR がズレた場合に、TC と TR の成す角を偏位角 α という。

偏位角 α の求め方を示す。図のように、中心角が 1 弧度 (Radian) 即ち約 57.3°の時には半径と円弧の長さは等しい。57.3°を 60°と見なして、狭い範囲の円弧は直線として、次の比例式が成立する。

$$\frac{AC}{AB}=\frac{CD}{BE}$$

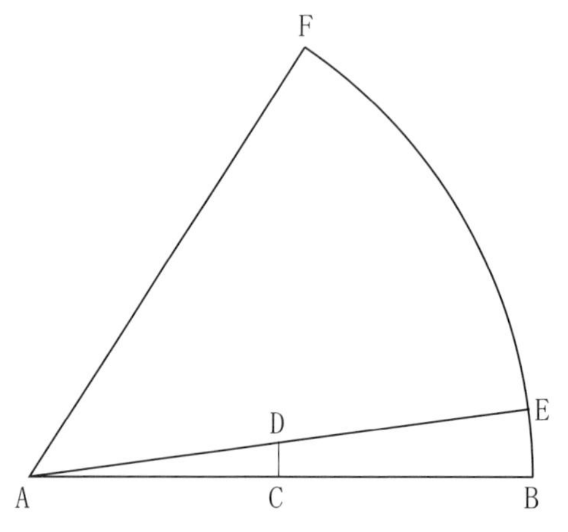

ここで、AB を 60 とすると弧 BF も 60 となる。∠ FAB を 60°として 60 分の 1 は 1°であり、円弧 BF 上の長さは 1 となる。∠ EAB ＝ α とすると円弧状の長さは α となる。チェックポイントまでの距離 AC を c とし、チェックポイントからの距離 CD を d とすると

$$\frac{c}{60}=\frac{d}{\alpha}\text{よって}\frac{\alpha}{60}=\frac{d}{c}$$

偏位角 α は航法計算盤を用いて求めることができる。
また、パイロットとして、60 浬、 1°、1 浬と覚えておくと良い。

（例題）チェックポイントまでの距離が 24 浬で、正横距離右 2 浬の時の偏位角を求めよ。また、チェックポイントがコースから 1 浬右にある時に、チェックポイントまでの距離が 29 浬で、正横距離左 3.5 浬の時の偏位角を求めよ。

（解法） α /60 ＝ 2 /24 より、航法計算盤の外目盛 2 に内目盛 24 を合わせる。その時の内目盛り 60 に対応する外目盛り 5 が偏位角であり、 α ＝ 5° 右となる。
また、チェックポイントが 1 浬右の場合には偏位距離は左 2.5 浬であり、外目盛 2.5 に内目盛 29 の時の内目盛 60 に対応する外目盛 5.2 より α ＝ 5° 左となる。

4．偏位角での針路修正法

TC と TAS と予想の風から針路が求まるので、発動点からこの針路で飛行する。チェックポイントが見えてきたら、コースからズレていること（オフコース）が判明しても、針路を維持して、正横距離を出して、偏位角 α を求めることにする。求めた α から次の要領で飛行する。

(1)　α 修正（平行飛行）

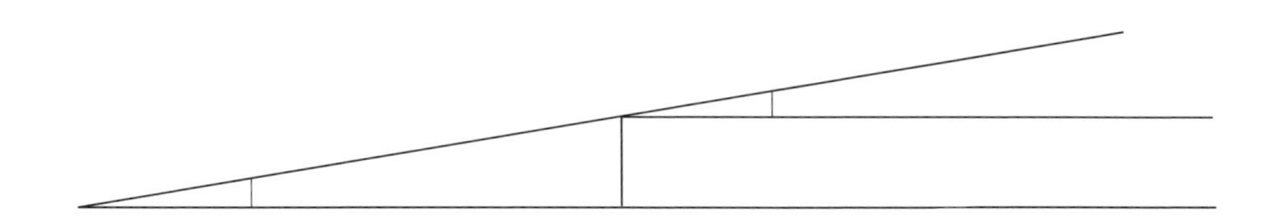

コースからのズレが小さい場合には、コースに平行に飛行するように針路を修正する。パラレルに飛行するという。
偏位角 α を求めて、現在の針路に α を修正する。コースの右に偏位しておれば針路を左に、左に偏位しておれば針路を右に修正する。

（例題） 羅針路 120° で飛行中に、28 浬の距離のチェックポイントにおいて右に 1 浬コースからズレていた。コースに平行に飛行する針路を求めよ。

（解法） α /60 ＝ 1 /28 より、α は 2° （2.1）となるので、針路を左に 2° 修正する。平行に飛行する羅針路は 118° となる。

(2)　倍角修正

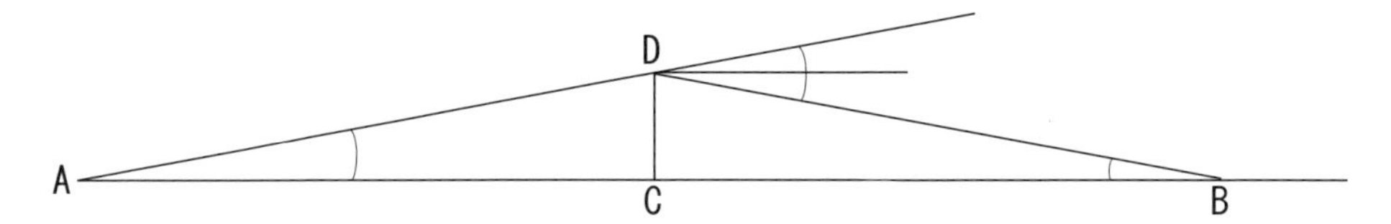

図において、Aは出発点、Cはチェックポイント、Dは一定時間飛行した時の位置である。CDの距離から偏位角αを求めて、針路に2α即ち倍角修正した時に、元のコースに復帰する点をBとすると、AD＝DB及びAC＝CBとなる。

AC間の針路を070°としαを3°左とすると、倍角修正の針路は076°となる。この針路で、AC間に要した時間と同じ時間飛行すると、コース上のB点に復帰するので、その後の針路はαだけ元に戻して、073°の針路でコース上を飛行することになる。

(3) $\alpha+\beta$修正

倍角修正においてコースに復帰したという確認が困難なことは多いし、倍角修正のB点より第2チェックポイントが手前にあれば、倍角修正は採用できないことになる。そこで第2チェックポイントに向かう方法が必要である。

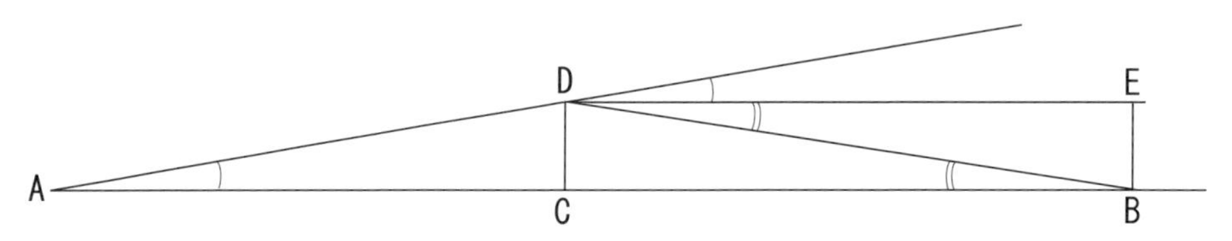

図において、Aは出発点、Cは第1チェックポイント、Bは第2チェックポイント及びDは一定時間飛行した時の第1チェックポイントにおける位置である。

$\angle$BDE＝$\angle$CBD＝βとすると

$$\frac{\beta}{60}=\frac{CD}{CB}$$

が成立する。

第1チェックポイントにおいて、ACとCDの距離からαを、CBとCDの距離からβを求めて、AC間の針路に$\alpha+\beta$の修正をすれば、第2チェックポイントBに向かうことになる。

なお、針路に$\alpha+\beta$の修正をすれば、偏流角DAは変化するが大きな影響は及ぼさないものという前提の元に実施している。また、αやβは小さな角度であることから、AC＝AD及びCB＝DBとして、第1チェックポイントでタイムチェックをしてACの距離からGSをだして、CBの距離から第2チェックポイントまでの所要時間を算出する。

（例題）　第1チェックポイントまでの距離は22浬、第1から第2チェックポイントまでの距離は28浬の場合に、針路321°で出発し、11分後に第1チェックポイント右正横1.5浬に到達することが分かった。第2チェックポイントに向かう針路と所要時間を求めよ。

（解法）

1)　α /60 = 1.5/22 及び β /60 = 1.5/28 より、航法計算盤から α は 4°に、β は 3°になる。$\alpha + \beta = 7°$ になる。

2)　第2チェックポイントに向かう針路は 314°（321 − 7）になる。

3)　11 分間で 22 浬より、航法計算盤から GS は 120kt であり、28 浬に 14 分かかる。所要時間は 14 分である。

12－6　偏位角に関する公式

図において、A は出発点、C はチェックポイント、D はチェックポイントにおける航空機の位置、BC を予想の風及び BD を実際の風とすると、∠ CAB = WCA、∠ CAD = α 及び∠ BAD = DA となり、AB は TH、AC は TC 及び AD は TR であるので、次式が成立する。

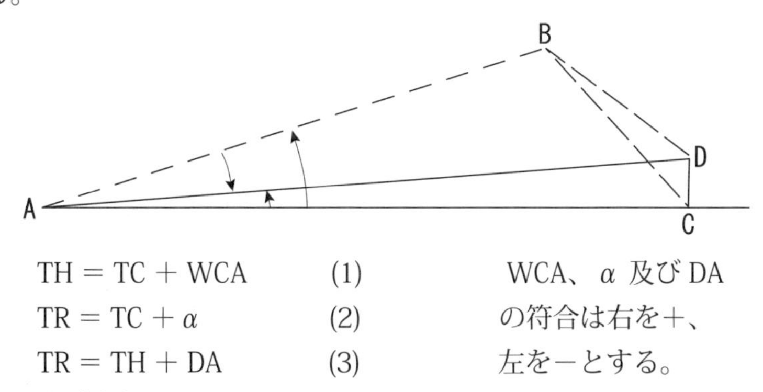

TH = TC + WCA　　(1)
TR = TC + α　　(2)
TR = TH + DA　　(3)

WCA、α 及び DA の符合は右を＋、左を－とする。

(1)、(2)、(3) 式より、

α = DA + WCA　　よって　DA = α − WCA

となる。TC から左に 18°向けた針路で右に 13°流されたら、α =＋ 13 − 18 =－ 5 となり、コースの左 5°に位置することになる。また、オンコースであれば、α = 0 となり、DA =－ WCA となる。

（例題）TC020°　TAS150kt、予想風 270°　20kt で発動点を出発した。12 分後に第1チェックポイント右正横 1.5 浬に到達すると予想した。第1チェックポイントまでの距離は 30 浬である。DA を求めて、このコースの実際の風を求めよ。

（解法）

1)　TC020°　TAS150kt、予想風 270°　20kt より、WCA =－ 7°、TH013°である。

2)　30 浬、右正横 1.5 浬より、α =＋ 3°になる。DA =＋ 3 －（－ 7）=＋ 10　DA は 10°R になる。

3)　30 浬、12 分より、GS150kt であり、TH013°　TAS150kt より、飛行中の風力三角形を解いて、風は 290°　26kt となる。

＊ WCA が 0.5°単位で算出が可能なことから、風の精度は α の精度即ち距離の推定の精度に関わっている。

12 − 7　地文航法実施上の留意事項

コースに平行に近い風（ヘッドウインド、テイルウインド）が吹いている時には偏位角を用いての針路修正による飛行の前提が崩れることがある。

1．予想の風が針路に平行な風に変わった時

以下の例題で考察する。

（例題 1 ）野外飛行において巡航中、WCA ＋ 10°として飛行したところ、機軸線上にある前方の目標物が機軸線に沿ってまっすぐに近づいてきた。この時の WCA について正しいものはどれか。

(1)　適切である。

(2)　少なすぎる。

(3)　大きすぎる。

(4)　判断できない。

(解法）TC に対して＋ 10°ということは、TH はコースより右に 10°向けたことになる。具体的な数字で示そう。TC270°　TH280°になる。「機軸線上にある前方の目標物が機軸線に沿ってまっすぐに近づいてきた」とは 280°方向にある物標に向けてこの機体は飛行していることになる。TH280°で TR280°ということになる。DA は 0 であり、二つの場合にのみ DA ＝ 0 となる。一つは無風であり、もう一つはヘッドかテイルウインド（風向 280°か 100°）の時である。WCA10°で無風は常識的には無いだろう。とすれば、ヘッドかテイルウインドであろう。α は 10°右になる。

正解は (3) である。

この問題は、予想風を間違えた時に運悪く針路に対してヘッドウインド、テイルウインドになった時に、偏位角を用いた修正法が通用しない場合が例外的にあることを提示している。具体例を以下に示す。

TC270°　TAS150kt 予想の風 330°　30kt とする。WCA ＋ 10°　TH280°になる。風はヘッドウインド 280°とすると TR280°になり、チェックポイントでは α は 10°右になる。最初のチェックポイント間の距離と次のチェックポイントまでの距離が同じであれば、β は 10°になる。$\alpha + \beta = 20°$ になる。コースの右に出たから左に 20° TH を振ることになる。次のチェックポイントまでの TH は 260°になる。偏位角による修正は DA が変わらないという前提で成り立っている。TH260°として風が 280°風速 30kt であれば 5°L、24kt であれば 4°L になる。次のチェックポイントでは風下に出てしまう。

次の例題はどうであろうか。

（例題 2）　野外飛行において巡航中、WCA ＋ 10° として飛行したところ、当初、機軸線上にあった前方の目標物が機軸線上から左側に徐々に移動しながら近づいてきた。この時の WCA について正しいものはどれか。

(1)　適切である。

(2)　少なすぎる。

(3)　大きすぎる。

(4)　判断できない。

（解法）　例題 1 は針路の正面であった。この問題はもっと悲惨である。正面よりも左側から風が吹いている。α は 10° 以上になるだろう。この針路での飛行を直ちに中止して、コース上の目標物があれば、それに向かい、コースに戻ってから TC を TH にして飛行すべきであろう。コース上の目標物が見当たらなければ、とにもかくにも、TH を TC に合わせてチェックポイントを探すべきである。

正解は (3) である。

上記は風の予想が杜撰（ずさん）であったから生じたことである。そうはいってもコースに平行に近い風が予想される場合には、以下の例題が参考になる。

（例題 3）　野外飛行において、偏流修正角を加えず針路を維持し巡航している時、コース上の目標物が左方向に移動しながら接近してきた。この時の飛行機の動きについて、正しいものはどれか。

(1)　コースより、左に流されている。

(2)　コースより、右に流されている。

(3)　コース上を、飛行している。

(4)　チェックポイントまで、判断できない。

（解法）　コースに平行に近い風が予想される場合には、風が弱い時には風が無いものとして、風が強い時には正面から吹くものとして処理する。風が無いか正面であれば WCA は 0° で、TC ＝ TH になる。DA ＝ α − WCA　WCA ＝ 0 であるから、DA ＝ α となり、20kt 以下の風速で、風向がコースの左右に 20° 位の違いであれば、α は 3° 未満であり偏位角の修正をしてよい。当然ながら、コース上の目標物が左に見えたら右に、右に見えたら左に流されている。

(2) が正解である。

2．風が強い時の留意事項

コースに平行に近い強い風が吹いている時には、偏位角を用いての針路修正による飛行は針路を修正しても偏流角は大して変わらないという前提が崩れることがある。

最悪の事例を紹介する。TC270°　TAS150kt の航空機が予想風 260°　50kt で出発した。WCA − 3° で TH267° で飛行した所、実際の風が 280° 50kt の場合には偏流角は 6° L で TR は 261° になる。α は左 9° であり、右に 9° 針路を修正すると TH276° になる。この針路での DA は 2° L となり、TR は 274° になる。コースに平行にはならない。倍角修正あるいは α + β 修正を右に 18° として TH を 285° にすると、DA は 2° R で TR は 287° になる。航法にならなくなる。

ただし、同じ風でも TC に横風となる場合には大きな影響は生じない。TC360° の時には、予想風 260° 50kt で WCA は − 19° で TH341° になる。実際の風が 280° 50kt の場合には偏流角は 19° R で TR360° になる。TC と TR が一致したのでオンコースである。

実際問題として、150kt の TAS の飛行機が 50kt の強風の吹く場合に地文航法を実施しようとすることが無謀なことであろう。

3．偏位角による修正法が有効な場合

一般的には、以下に示すように偏位角による修正法は有効である。

(1) 風が無いかコースに平行に（ヘッドウインド、テイルウインド）吹いている時は WCA = 0 = DA であり、TC = TH = TR となり、向いている方向（TH）と飛んでいく方向（TR）は一致する。α は 0° で β も 0° であり、現在の TH を維持すればよい。

(2) コースに平行でない風が吹けば、向いている方向（TH）と飛んでいく方向（TR）は一致しない。予想の風から WCA + 10° とすると、TC に対して TH は 10° 右にして飛行している。

イ．WCA が適切であれば、目標物は TH 即ち機軸線に対して左 10° にあってその関係を維持して（DA10° L）目標物に近づいていって直上を通過する。

ロ．WCA が大きすぎれば、例えば、DA 7° L であれば α は＋ 3°（3° 右）であり、目標物を左に見たまま TC の右を飛行して、目標物の右に即ち目標物を左正横に見ることになる。目標物を機軸線上に見ることはないはずである。

ハ．WCA が少なすぎると、例えば、DA13° L であれば α は − 3°（3° 左）であり、目標物を左に見て TC の左を飛行していて、ある瞬間に機軸線上に目標物を見て、目標物の左に即ち目標物を右正横に見ることになる。機軸線上に目標物を見てから、右正横に目標物を見るまでの間は目標物が機軸線の左側に流れて行く。

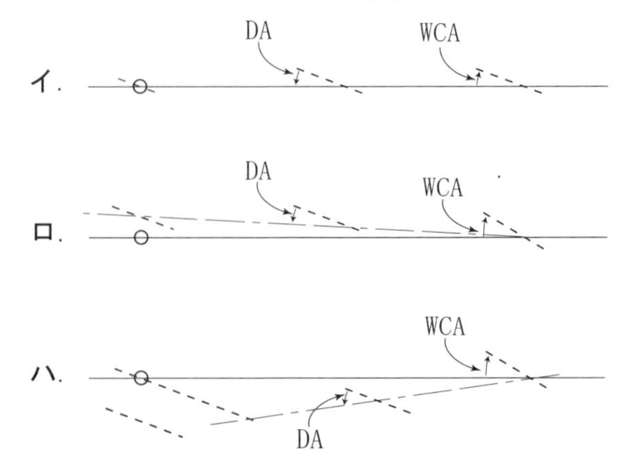

図の丸印はコース上の目標物であり、実線の直線はTC、点線はTH、破線はTRである。

12－8　地文航法と最新の航法

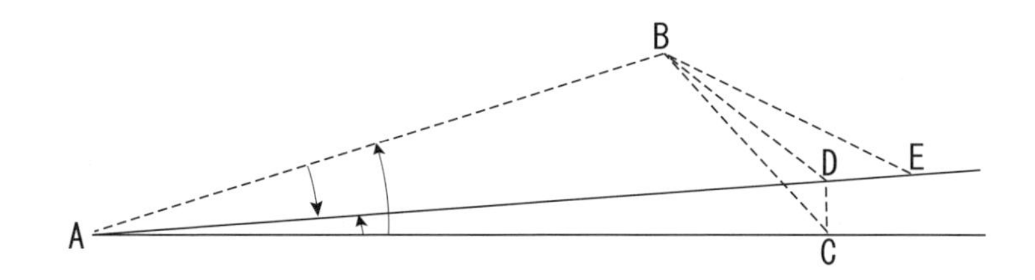

図において、予想風BCとして針路ABで飛行したところ、風上側に偏位した場合には多くは風がBDのように弱くなったのが通常であるが、BEのように風が弱くはならずに、横風成分が小さくなり、追い風成分が大きくなっていることもあり得る。風については速度成分と横風成分とに分解して捉えるようにしてほしい。コースの風上側に出ました、風は弱くなりましたではなく、チェックポイントでのタイムチェックをして、速度成分も出してから、判断するようにすべきである。コースの風下側に出れば、たいていは風が強くなっているが、風速はさほど変わらずに横風成分だけ大きくなっていることもあり得ることとして対処してほしい。地文航法を実施して、頭の中で風力三角形が描けるようになってほしい。

この図は最新の航法装置にも繋がっている。毎秒正確な位置を算出している航法装置においては、チェックポイントが毎秒毎に存在していて、測定位置FIXを得ており、コースからのズレの距離として出すことも偏位角 α として出すことも可能である。TRがTCに一致するように針路を制御することも可能であり、コースから外れた場合には次の通過点まで新たなコースを設定して向かうことも可能である。

無線航法のトラッキングにおけるCDIでも、TCであるACがニードルで、TRのADがCDIの中央のドットである。これらの航法装置においては、FIXあるいはコースの情報を常に把握していると理解することができる。地文航法においては、チェックポイントまで飛行していって、そこにおいて方位と距離からFIXを得て、コースからのズレを判断し、コースに平行に飛行したり、コースに戻ろうとしていることになる。

地文航法において、チェックポイントから α を算出して、α 修正、倍角修正あるいは $\alpha + \beta$ 修正をして、航法を実施していることは将来の航法の実施に直結していることを理解して航法訓練に励んでほしい。地文航法、無線航法、慣性航法そして最新の航法装置を利用しての航法はいずれも本質的には同じことをしているのであり、その航法によって、FIXあるいはコースの情報の把握の仕方に特徴があるということを理解して各種の航法を身につけてほしい。

12－9　管制圏等の回避

管制圏の回避や飛行コース上の安全確保のために回避飛行を行うことがある。

1．60°法

地文航法実施中に、コース上にある飛行場の管制圏通過の許可が得られなかった場合には次のようにする。左右いずれか都合のよい方に変針する。例として左変針とする。左に60°変針して、4分間飛行後、右に60°変針してコースと平行に6分間飛行した後に、更に60°右変針して4分間飛行後にコースに復帰し、元の針路で飛行する。△CEDは正三角形であり、CD＝EDとなり、BC＝AEである。

よって、避航したことによる所要時間の増加はAB間に要した4分間になる。

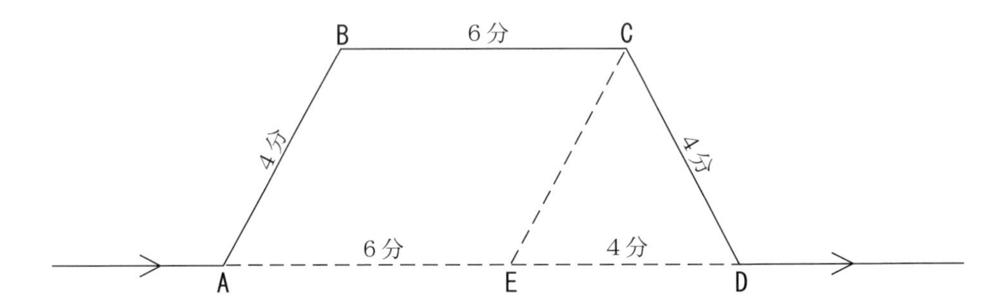

ただし、この方法は風の影響は無視しているので、無風の時にはこの通りになるが、風があれば誤差が出ることになる。ADの延長上を飛行できる保証はない。緊急の場合の処置である。

2．直接回避

94頁の通過点（変針点）で、直航が最善とは限らないと述べたが、管制圏や飛行コース上の安全確保の回避飛行を行うために、これらを十分に避けることができる地点を新たな通過点として設定して、直航を避ける方法がある。

例として、直航コースを設定した時に、コース上50浬の所に回避すべき箇所があるとする。コースから10浬離れた所に通過点即ちチェックポイントとして設定できるポイントがあり、そこに向かう時に、直航した場合と比べて距離と所要時間の増加を算出する。

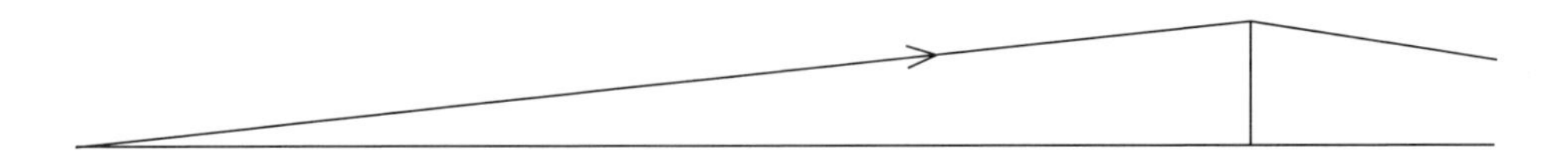

ピタゴラスの定理より、新たな通過点に向かった場合の距離は51浬であり、1浬の増加となり、GS90ktで40秒、120ktで30秒及び150ktで24秒の増加となる。直航の時とは針路が変わるのでGSは変化するが、これ位の距離と時間の増加は無いに等しいと言っ

てよい。そのうえに、変更したコース上にチェックポイントを設けてやれば、偏位角 α を出して、$\alpha + \beta$ 法で通過点に向かうことができるので、確実に回避することができる。

コース上 25 浬の所に回避すべき箇所がある時には、7 浬位離れた所に通過点を設ければよい。上記同様に、新たな通過点に向かう場合の距離は 26 浬であり、1 浬の増加となる。また、50 浬で 20 浬回避したときの距離の増加は 4 浬弱となる。故に、直航にこだわることはない。安全を優先すべきである。直航必ずしも安全ならず。

12 − 10　実施上の留意事項

VFR で地文航法を実施している場合に、雲等の視程障害で地上が見えない時がある。雲を避けて VMC を維持すべきであり、地上物標が視認できるまでは無線航法等を行うべきである。地上物標を見るために高度を下げることは危険なことである。自家用の小型機が、地上物標を視認するために高度を下げて、山等の高度のある地表に激突するという痛ましい事故が後を絶たない。この種の事故が小型機の事故の高い割合を占めている。この事故は避けることができる。地上物標が視認できなくなった時にパイロットの採るべき処置は VMC を維持して、付近の山等の高い地上物標を避けることのできる高度を維持して飛行すべきである。地文航法は中断して、無線航法を実施すべきである。無線航法で目的地まで飛行できる技能を身につけなければならない。地文航法だけで安全に目的地に到達できる保証はない。経験の乏しい自家用操縦士にあってはなおのこと、信頼性の高い航法装置を利用すべきである。VORDME あるいは GPS を装備すべきである。

なお、AIM-j（Aeronautical Information Manual Japan）には、AEIS の利用、VFR 機に対するレーダーサービス、緊急操作等についての記述があるので参照すること。航法の目的は安全に出発地から目的地に飛行することである。

第13章 行動半径と等時点

第 11 章飛行計画のところで述べたように、飛行計画には航路計画、燃料計画及び安全計画がある。この章では安全計画の行動半径と等時点を学ぶことにする。

13 − 1　行動半径

行動半径とは、搭載燃料から予備燃料を除いた残りの燃料でどこまで進出できて帰れるのかという距離であって、R / A (Radius of Action) と略記する。目的地に何かあって、着陸できそうにない時に、出発地にまで引き返せるか否かを決定する時に必要となる。その引き返す地点を PSR(Position of Safety Return) という。安全計画において、PSR までの距離即ち行動半径とそこまでの所要時間あるいは到達時刻を求めておくべきである。

1．行動半径の公式

TC は分かっているので、計画の風力三角形より PGS が算出できる。また、帰りの TC も分かっているので PGS を算出できる。往航 (Out) の PGS を GSo、復航 (Back) の PGS を GSb とする。搭載燃料から予備燃料を除いた燃料での飛行可能時間を TT(Total Time) とし、往航の所要時間を To、復航の所要時間を Tb とする。次式が成立する。

$$TT = To + Tb \qquad (1)$$

$$R / A = To \times GSo = Tb \times GSb \qquad (2)$$

(2) より

$$Tb = \frac{To \times GSo}{GSb}$$

(1) に代入すると

$$TT = To\frac{GSo + GSb}{GSb}$$

よって

$$\frac{To}{TT} = \frac{GSb}{GSo + GSb}$$

となる。この式が行動半径に関する公式である。航法計算盤を使用して、往航の所要時間を求めれば、往航の PGS が分かっているので、航法計算盤からＲ / Ａの距離を算出できる。

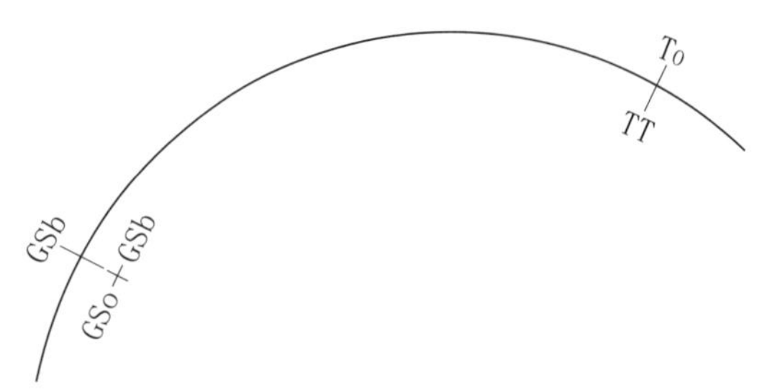

（例題）　TC 060°をTAS180ktの航空機が飛行する予定である。予備燃料を除いた燃料での飛行可能時間を2時間20分とした時に、行動半径を求めよ。出発時刻を0930とした時のPSR到達時刻を求めよ。風は350°　36ktとする。

（解法）

1)　計画の風力三角形からTHとPGSを算出する。

往航　TC 060°　WCA －11°　TH049°　GSo 165kt

復航　TC 240°　WCA ＋11°　TH251°　GSb 189kt

2)　公式に数値を入れる。ただし、時間は分単位で扱うこと。2時間20分は140分とすること。

$$\frac{To}{140}=\frac{189}{165+189}=\frac{189}{354}$$

航法計算盤の外目盛り189に内目盛り354を合わせて、内目盛り140に対応する外目盛り75から所要時間は75分即ち1時間15分となる。

3)　行動半径R／AはGSo 165ktで1時間15分となるので、航法計算盤から206浬となる。

4)　出発時間0930よりPSRのETOは1045となる。

2．風と行動半径

図のACは往航のTCで、ADは復航のTCである。ABは風でBは吹き出し点である。△ABCと△ABDは計画の風力三角形である。風とTASが一定であれば、BC＝BD＝TASであり、△BCDは二等辺三角形である。

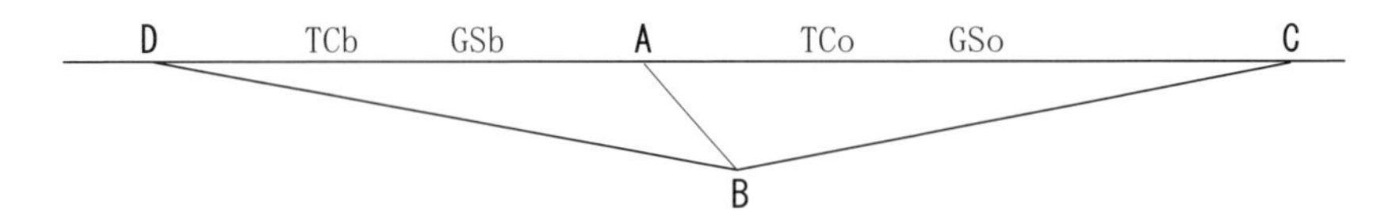

∠ACB＝∠ADBであり、往航のWCAをWCAoとし、復航のWCAをWCAbとすると

WCAb＝－WCAo

が成立する。

また、風の方向が一定であれば、風速が強くなると、ACとADが小さくなる即ち

GSoとGSbが減少するので、行動半径は小さくなる。風速が一定であれば、コースに平行な風向の時に行動半径は最も小さくなる。無風の時には行動半径が最大となる。三角形の二辺の和は一辺より大きいことからきている。

（例題）　TC260° を飛行するのに、MH264° であった。このコースを引き返す時のMHは何度になるか。偏差は6° Wとし、TASと風は変わらないものとする。

（解法）

	TC	WCAo	TH	Var	MH
1) 往航	260°	−2°	258°	6° W	264°

	TC	WCAb	TH	Var	MH
2) 復航	080°	＋2°	082°	6° W	088°

3) 復航のMHは088° となる。

13－2　等時点

出発地から目的地までにあって、出発地へ引き返しても、そのまま飛行を続けて目的地に向かっても、所要時間が同じになる地点がある。この地点を等時点（ETP : Equal Time Point）という。安全計画として、ETPを求めておくことは、与圧装置の故障とか、急病人の発生とかが生じた場合に、出発地に引き返すのか、目的地まで飛行を続けるのかを判断する上で、重要な地点となる。緊急事態が発生した時に、ETPの手前であれば引き返し、ETPを過ぎていれば続行することになる。

現実的には、引き返すのか、続行するのかは、ETPだけて決まるわけではなく、両地の天候や整備能力等を考慮して決定される。

1．等時点の公式

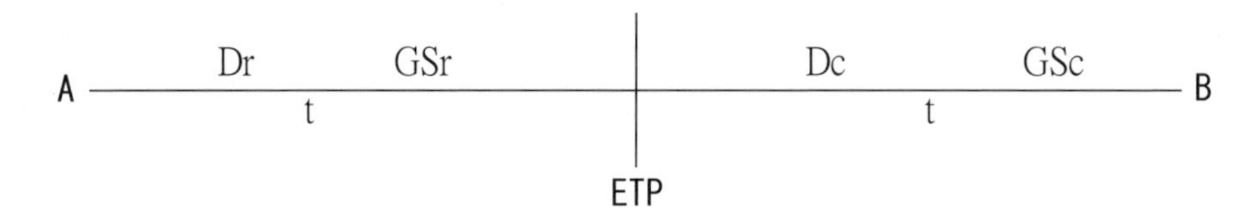

図において、AB間の距離をTD : Total Distanceとし、ETPからAに引き返すPGSをGSr、距離をDrとする。また、ETPからBに続行するPGSをGSc、距離をDcとする。ETPは等時点であるから、AへのReturnに要する時間とBへのContinueに要する時間は共にtであり等しい。

よって、次式が成立する。

$$TD = Dr + Dc \qquad (1)$$

$$t = Dr/GSr = Dc/GSc \qquad (2)$$

(2) を (1) に代入すると　　$TD = Dr + \frac{GSc}{GSr}Dr$

よって

$$\frac{Dr}{TD} = \frac{GSr}{GSr+GSc}$$

この式が ETP の公式である。行動半径の公式と同様に航法計算盤から解答を求めることができる。

また、ETP は、風のない時はコースの中央にあるが、風がある時は中央よりも常に風上側にある。ただ、コースに直角となる風向の時には、GSr = GSc となるので、風のない時と同様にコースの中央にある。また、行動半径と同様に WCA は絶対値が同じで符号が反対になる。

（例題）A から B への TC170°で距離 300 浬の時、ETP は A から何浬の距離にあるか。
また､出発後ETP に達する所要時間を求めよ。TAS は 140kt で風は 300°35kt とする。

（解法）

1)　計画の風力三角形より、航法計算盤から、GSc160kt と GSr115kt になる。

2)　公式より、

$$\frac{Dr}{300} = \frac{115}{160+115} = \frac{115}{275}$$

航法計算盤から、Dr は 125.5 浬になる。ETP は A から 125.5 浬である。

3)　GSr115kt より 125.5 浬に 1 時間 5.5 分要する。GSc160kt より、残りの距離は 174.5(300 − 125.5) 浬であり、所要時間 1 時間 5.5 分で同じ所要時間になる。

4)　ETP へは GSc160kt で 125.5 浬飛行した時に達することになる。A から B へは PGS 160kt で飛行しており、引き返す時に GSr 115kt になる。
　よって、160kt の 125.5 浬より ETP への所要時間は 47 分となる。

5)　検証する。何事もなければ、PGS160kt で 300 浬に要する時間は 1 時間 52.5 分である。A から ETP まで 47 分で、ETP から B まで 1 時間 5.5 分であるから、47 分＋ 1 時間 5.5 分＝ 1 時間 52.5 分となる。

第14章
学科試験問題対策

自家用操縦士及び事業用操縦士の学科試験問題「航法」について、航法ログとその他の問題に分けて、更に類似問題を付加して解答の道筋を示している。

なお、「運航方式に関する一般知識、人間の能力及び限界に関する一般知識」については解答のみを示している。

14－1　航法ログ

1. 自家用

（問題１－１）

下表はA空港から変針点B、Cを経由してD空港に至る未完成の航法ログである。問1から問6について解答せよ。

FROM	TO	ALT (ft)	TAS (kt)	WIND	TC	WCA	TH	VAR	MH	DEV	CH	GS (kt)	Dist(NM) ZONE/CUM	TIME ZONE/CUM
A	B	5500	140	250/30	150			6W		0			55/	/
B	C	5500	140	240/30	100			5W		1E			75/130	/
C	D	5500	140	200/30	060			5W		2E			65/195	/

問1　A空港から変針点BまでのGSで正しいものはどれか。
(1) 135kt
(2) 139kt
(3) 143kt
(4) 147kt

問2　変針点Bから変針点CまでのCHで正しいものはどれか。
(1) 110°
(2) 112°
(3) 114°
(4) 116°

問3　変針点CからD空港までのWCAで正しいものはどれか。
(1) －6°
(2) ＋6°
(3) －8°
(4) ＋8°

問4　変針点CからD空港へのZONE　TIMEで正しいものはどれか。
(1) 22分
(2) 24分
(3) 26分
(4) 28分

問5　A空港からD空港までの所要時間で正しいものはどれか。
(1) 1時間15分
(2) 1時間19分
(3) 1時間23分
(4) 1時間27分

問6　変針点C上空において、QNH29.92INHG　外気温度が－10℃の時、TAS140ktで飛行するためのCASで正しいものはどれか。
(1) 129kt
(2) 132kt
(3) 135kt
(4) 138kt

（問題１－１解答）

1)　航法ログは計画の風力三角形である。グロメットに吹き込みにW点を取る。
2)　W点にTASの同心円を合わせる。グロメットにGS(PGS)が出る。
3)　放射線の角度がWCAである。±を間違わないこと。問題用紙の航法ログにWCAとGSを先に作図板から出して記入する。
GSについては、外目盛り(速度目盛り)が15(150kt)未満は10等分されて1目盛りは１ktになり、15以上は5等分されて1目盛りは2ktになる。

FROM	TO	ALT (ft)	TAS (kt)	WIND	TC	WCA	TH	VAR	MH	DEV	CH	GS (kt)	Dist(nM) ZONE/CUM	TIME ZONE/CUM
A	B	5500	140	250/30	150	＋12		6W		0		142	55/	23.3/
B	C	5500	140	240/30	100	＋8	108	5W	113	1E	112	162	75/130	27.8/0＋51.1
C	D	5500	140	200/30	060	＋8		5W		2E		162	65/195	24.0/1＋15.1

4)　変針点Ｂから変針点ＣへのCHはTC100＋8＝TH108＋5＝MH113－１＝112
TH、MH、CHと計算するときはWは＋、Ｅは－。
5)　Ａ空港からＤ空港への所要時間はそれぞれのZONE TIMEを計算盤で算出する。
6)　TAS140ktのCASは真速度計算窓のPA5500に－10℃を合わせて外目盛り140に対応する内目盛り132を読む。

正解

問１　(3)　　問２　(2)　　問３　(4)　　問４　(2)　　問５　(1)　　問６　(2)

（問題１－２）

A空港から変針点Ｂ、Cを経由してD空港に至る未完成の航法ログである。問1から問6について解答せよ。

FROM	TO	ALT (ft)	TAS (kt)	WIND	TC	WCA	TH	VAR	MH	DEV	CH	GS (kt)	Dist(NM) ZONE/CUM	TIME ZONE/CUM
A	B	6500	140	250/30	300			6W		0			55/	/
B	C	6500	140	240/30	220			5W		1E			75/130	/
C	D	6500	140	230/30	200			5W		2E			65/195	/

問1　A空港から変針点ＢまでのGSで正しいものはどれか。
(1) 115kt
(2) 119kt
(3) 123kt
(4) 127kt

問2　変針点Ｂから変針点CまでのCHで正しいものはどれか。
(1) 220°
(2) 224°
(3) 228°
(4) 232°

問3　変針点CからD空港までのWCAで正しいものはどれか。
(1) －4°
(2) ＋4°
(3) －6°
(4) ＋6°

問4　変針点CからD空港へのZONE TIMEで正しいものはどれか。
(1) 27分
(2) 31分
(3) 35分
(4) 39分

問5　A空港からD空港までの所要時間で正しいものはどれか。
(1) 1時間39分
(2) 1時間43分
(3) 1時間47分
(4) 1時間51分

問6　変針点C上空において、QNH29.92inHG　外気温度が－10℃の時、TAS140ktで飛行するためのCASで正しいものはどれか。
(1) 127kt
(2) 130kt
(3) 133kt
(4) 136kt

（問題１－２解答）

1)　航法ログは計画の風力三角形である。グロメットに吹き込みにW点を取る。
2)　W点にTASの同心円を合わせる。グロメットにGS(PGS)が出る。
3)　放射線の角度がWCAである。±を間違わないこと。問題用紙の航法ログにWCAとGSを先に作図板から出して記入する。
4)　GSと距離から所要時間を計算盤で算出する。

FROM	TO	ALT (ft)	TAS (kt)	WIND	TC	WCA	TH	VAR	MH	DEV	CH	GS (kt)	Dist(nm) ZONE/CUM	TIME ZONE/CUM
A	B	6500	140	250/30	300	－9		6W		0		119	55/	27.7 /
B	C	6500	140	240/30	220	＋4	224	5W	229	1E	228	111	75/130	40.5/1＋08.2
C	D	6500	140	230/30	200	＋6		5W		2E		113	65/195	34.5/1＋42.7

正解

問１　(2)　　問２　(3)　　問３（4)　　問４　(3)　　問５　(2)　　問６　(2)

（問題１－３）

A空港から変針点B、Cを経由してD空港に至る未完成の航法ログである。問1から問6について解答せよ。

FROM	TO	ALT (ft)	TAS (kt)	WIND	TC	WCA	TH	VAR	MH	DEV	CH	GS (kt)	Dist(nm) ZONE/CUM	TIME ZONE/CUM
A	B	6500	150	210/30	170			6W		0			60/	/
B	C	6500	150	230/30	080			6W		2E			70/130	/
C	D	6500	150	250/30	030			7W		1E			66/196	/

問1 A空港から変針点BまでのGSで正しいものはどれか。
(1) 120kt
(2) 123kt
(3) 126kt
(4) 129kt

問2　変針点Bから変針点CまでのCHで正しいものはどれか。
(1) 090°
(2) 093°
(3) 096°
(4) 099°

問3 変針点CからD空港までのWCAで正しいものはどれか。
(1) －５°
(2) ＋５°
(3) －７°
(4) ＋７°

問４　変針点CからD空港へのZONE　TIMEで正しいものはどれか。
(1) 21分
(2) 23分
(3) 25分
(4) 27分

問５ A空港からD空港までの所要時間で正しいものはどれか。
(1) 1時間10分
(2) 1時間13分
(3) 1時間16分
(4) 1時間19分

問6　変針点C上空において、QNH29.92inHG　外気温度が－10℃の時、TAS150ktで飛行するためのCASで正しいものはどれか。
(1) 130kt
(2) 133kt
(3) 136kt
(4) 139kt

（問題１－３解答）

航法ログである。

FROM	TO	ALT (ft)	TAS (kt)	WIND	TC	WCA	TH	VAR	MH	DEV	CH	GS (kt)	Dist(nm) ZONE/CUM	TIME ZONE/CUM
A	B	6500	150	210/30	170	＋7		6W		0		126	60/	28.6 /
B	C	6500	150	230/30	080	＋6	086	6 W	092	2 E	090	175	70/130	24.0 /0+52.6
C	D	6500	150	250/30	030	－7		7 W		1 E		172	66/196	23.0 /1+15.6

正解

問 1　(3)　問 2　(1)　問 3　(3)　問 4　(2)　問 5　(3)　問 6　(4)

2. 事業用

（問題２－１）

下表はＡ空港から変針点Ｂ、Ｃを経由してＤ空港に至る未完成の航法ログである。問1から問6について解答せよ。
ただし、燃料消費率は、上昇時24gph、巡航時16gph、降下時８gphとする。

FROM	TO	ALT (ft)	TAS (kt)	WIND	TC	WCA	TH	VAR	MH	DEV	CH	GS (kt)	Dist(nm) ZONE/CUM	TIME ZONE/CUM	FUEL(gal) ZONE/CUM
A	RCA	CLM	120	020/20	040			7W		0			16/	/	/
RCA	B	7500	160	360/30	040			7W		0			48/64	/	/
B	C	7500	160	330/30	350			7W		1E			73/137	/	/
C	EOC	7500	160	280/30	320			8W		2W			49/186	/	/
EOC	D	DEC	140	300/20	320			8W		2W			25/211	/	/

問1　Ａ空港からRCAまでのGSで正しいものはどれか。
(1) 101kt
(2) 105kt
(3) 109kt
(4) 113kt

問2　変針点Ｂから変針点ＣまでのCHで正しいものはどれか。
(1) 348°
(2) 352°
(3) 356°
(4) 360°

問3　Ａ空港からＤ空港までの所要時間で正しいものはどれか。
(1) 1時間30分
(2) 1時間34分
(3) 1時間38分
(4) 1時間42分

問4　Ａ空港からＤ空港までの所要燃料で正しいものはどれか。
(1) 約14gal
(2) 約18gal
(3) 約22gal
(4) 約26gal

問５　変針点Ｂから変針点Ｃへのコース上を実際に飛行したところWCAは－８°GS139ktであった。この時の風向風速として正しいものはどれか。
(1) 290°　30kt
(2) 295°　30kt
(3) 300°　30kt
(4) 305°　30kt

問6　変針点Ｂ上空において、QNH29.92inHG　外気温度が0℃の時、TAS160ktで飛行するためのCASで正しいものはどれか。
(1) 141kt
(2) 143kt
(3) 145kt
(4) 147kt

（問題２－１解答）

ナブログについては問題1にRCAとEOCが付加され、燃料消費率から所要燃料を求めることになる。
1)　風とTASがコースによって異なることに注意して、WCAとGSを計算する。
2)　燃料消費率については上昇、巡航、降下と異なるので、欄外に記入しておくこと。
3)　GSとDistからZONE　TIMEを出して、燃料消費率からZONE　FUELを出す。

FROM	TO	ALT (ft)	TAS (kt)	WIND	TC	WCA	TH	VAR	MH	DEV	CH	GS (kt)	Dist(nm) ZONE/CUM	TIME ZONE/CUM	FUEL(gal) ZONE/CUM	
A	RCA	CLM	120	020/20	040	-3		7W		0		101	16/	9.5　/	3.8/	24
RCA	B	7500	160	360/30	040	-7		7W		0		136	48/64	21.2/0+30.7	5.7/9.5	16
B	C	7500	160	330/30	350	-4	346	7W	353	1E	352	132	73/137	33.1/1+03.8	8.8/18.3	16
C	EOC	7500	160	280/30	320	-7		8W		2W		136	49/186	21.6/1+25.4	5.8/24.1	16
EOC	D	DEC	140	300/20	320	-3		8W		2W		121	25/211	12.4/1+37.8	1.7/25.8	8

4)　問5は、TC350－8(WCA)＝342　TH342°GS139ktで飛行中の風力三角形である。
WCA－8°でコース上を飛行したことになる。オンコースではDA＝－WCAよりDA＝＋8即ち8°Rになる。
TH342°TAS160kt　DA8°R、GS139kt　作図板より300°30ktになる。

正解

問1　(1)　問2　(2)　問3　(3)　問4　(4)　問5　(3)　問6　(2)

（問題２－２）

下表はＡ空港から変針点Ｂ、Ｃを経由してＤ空港に至る未完成の航法ログである。問1から問6について解答せよ。
ただし、燃料消費率は、上昇時23gph、巡航時15gph、降下時7gphとする。

FROM	TO	ALT (ft)	TAS (kt)	WIND	TC	WCA	TH	VAR	MH	DEV	CH	GS (kt)	Dist(nm) ZONE/CUM	TIME ZONE/CUM	FUEL(gal) ZONE/CUM
A	RCA	CLM	110	260/15	220			6W		0			20/	/	/
RCA	B	6500	150	270/20	220			6W		0			57/77	/	/
B	C	6500	150	230/30	280			6W		2E			88/165	/	/
C	EOC	6500	150	200/20	330			6W		1E			54/219	/	/
EOC	D	DEC	130	190/10	330			6W		1E			35/254	/	/

問1　RCAから変針点ＢまでのGSで正しいものはどれか。
(1) 133kt
(2) 136kt
(3) 139kt
(4) 142kt

問2　変針点Ｂから変針点ＣまでのCHで正しいものはどれか。
(1) 267°
(2) 271°
(3) 275°
(4) 279°

問3　A空港からD空港までの所要時間で正しいものはどれか。
(1) 1時間42分
(2) 1時間46分
(3) 1時間50分
(4) 1時間54分

問4　Ａ空港からＤ空港までの所要燃料で正しいものはどれか。
(1) 約28gal
(2) 約32gal
(3) 約36gal
(4) 約40gal

問5　変針点Ｂから変針点Ｃに向け飛行したところDAは９°R、GS140ktであった。この時の風向風速として正しいものはどれか。
(1) 335°　25kt
(2) 310°　25kt
(3) 230°　25kt
(4) 210°　25kt

問6　RCAにおいて、QNH29.92inHG　外気温度が＋10℃の時、TAS150ktで飛行するためのCASで正しいものはどれか。
(1) 131kt
(2) 134kt
(3) 137kt
(4) 140kt

（問題２－２解答）

航法ログである。

FROM	TO	ALT (ft)	TAS (kt)	WIND	TC	WCA	TH	VAR	MH	DEV	CH	GS (kt)	Dist(nm) ZONE/CUM	TIME ZONE/CUM	FUEL(gal) ZONE/CUM	
A	RCA	CLM	110	260/15	220	+5		6W		0		98	20/	12.2/	4.7/	23
RCA	B	6500	150	270/20	220	+6		6W		0		137	57/77	25.0/0+ 37.2	6.3/ 11.0	15
B	C	6500	150	230/30	280	-9	271	6W	277	2E	275	129	88/165	41.0/ 1+18.2	10.2/21.2	15
C	EOC	6500	150	200/20	330	-6		6W		1E		162	54/219	20.0/ 1+38.2	5.0/ 26.2	15
EOC	D	DEC	130	190/10	330	-3		6W		1E		137	35/254	15.3/ 1+53.5	1.8/ 28.0	7

正解

問1　(2)　　問2　(3)　　問３　(4)　　問４　(1)　　問５　(4)　　問６　(2)

問5については航法ログよりTH271°　TAS150kt　DA9°　R　GS140ktから
飛行中の風力三角形を解いて210°　25ktになる。

14－2　その他の問題

1．自家用

（問題1－1）

問1　ランバート航空図について誤りはどれか。

(1)　角度が正しく表される。

(2)　距離が正しく表される。

(3)　航程線が直線で表される。

(4)　最短距離のコースがとれる。

問2　航法の三作業の組み合わせで正しいものはどれか。

(1)　機位の確認　・針路の決定　・風の算出

(2)　風の算出　・針路の決定　・到着予定時刻の算出

(3)　機位の確認　・針路の決定　・到着予定時刻の算出

(4)　風の算出　・機位の確認　・到着予定時刻の算出

問3　磁針路270°で飛行中、A駅が10時方向に見えた。この時の航空機はA駅から見てどの位置にいるか。ただし、その高度の風は無風であった。

(1)　A駅から見て北西の位置にいる。

(2)　A駅から見て南西の位置にいる。

(3)　A駅から見て北東の位置にいる。

(4)　A駅から見て南東の位置にいる。

問4　高度計の規正要領について誤りはどれか。

(1)　QNHが入手できない場合は、出発地の標高にセットする。

(2)　QNHの有無にかかわらず、出発地の標高にセットする。

(3)　QNHが通報されている空港から出発する場合は、当該QNHにセットする。

(4)　平均海面上14,000FT以上は、QNE(29.92インチ)をセットする。

問5　風力三角形について誤りはどれか。

(1)　THと予想の対地速度を求めるものが計画の風力三角形である。

(2)　対気ベクトル、対地ベクトル、風ベクトルからなる。

(3)　WCAとDAは同一のものである。

(4)　WCAはTCから左にひねる角を(－)修正角という。

問6　風を修正せずにチェックポイントAを通過し、チェックポイントBではコースから3.5nmずれていた。AB間の距離が80nmの時のDAで正しいものはどれか。

(1)　2度

(2)　2.5度

(3)　3 度

(4)　3.5 度

問 7　不慣れな飛行場に着陸のため進入中、実際よりも低い錯覚を生じるのはどれか。

(1)　上がり勾配の滑走路に進入するとき

(2)　下がり勾配の滑走路に進入するとき

(3)　風防に雨があたっているとき

(4)　通常より狭い幅の滑走路に進入するとき

問 8　A 空港（35°　30′　N　140°　30′　E）の日没が 18 時 30 分であるとき、B 空港（35°　30′　N　135°　30′　E）の日没で正しいものはどれか。

(1)　18 時 00 分

(2)　18 時 10 分

(3)　18 時 50 分

(4)　19 時 00 分

問 9　耳閉塞について正しいものはどれか。

(1)　経口の充血低減薬によって防止するのが適切である。

(2)　上昇中に最も発生しやすい。

(3)　酸素 100％を吸入することで回復できる。

(4)　唾を飲み込んだり、あくびをしたりすることにより防げる。

問 10　北半球で磁気コンパスの加速度誤差が顕著に現れる針路はどれか。

(1)　045 度

(2)　090 度

(3)　225 度

(4)　360 度

問 11　相対方位について正しいものはどれか。

(1)　航空機の針路を基準に物標の方位を測ったもの。

(2)　航空機の航路を基準に物標の方位を測ったもの。

(3)　磁北を基準に物標の方位を測ったもの。

(4)　真北を基準に物標の方位を測ったもの。

問 12　次の記述で誤りはどれか。

(1)　一酸化炭素は無色、無味、無臭で排気ガスにも含まれている。

(2)　一酸化炭素中毒の症状はハイポキシアとは違う症状が現れる。

(3)　軽飛行機でヒーターを使用中、排気の臭いを感じたら一酸化炭素中毒を警戒する。

(4)　軽飛行機でヒーターを使用中、頭痛、眠気を感じたら一酸化炭素中毒を警戒する。

問 13　航空保安無線施設について誤りはどれか。

(1)　VOR

(2)　NDB

(3)　ASR

(4)　TACAN

問 14　ある機体の自差表を確認したところ、以下のとおりであった。

MH165°で飛行するための CH で正しいものはどれか。

(1)　163°

(2)　164°

(3)　165°

(4)　166°

TO FLY	STEER
000	000
030	032
060	064
090	095
120	123
150	152
180	180
210	209
240	237
270	265
300	298
330	329

（問題１－１解答）

問 1　ランバート航空図では航程線は赤道側に引っ張られた曲線（対数ら旋）になる。

正解　(3)

問 2　正解　(3)

問 3　相対方位 (RB) の表し方の一つとして 12 時の方向を正面として、１時の方向は右 30°、２時の方向は右 60°、３時の方向は右 90°（右正横）として１時間増加するごとに 30° 右回りに増えていく。逆に、11 時の方向は左 30°、10 時の方向は左 60°、9 時の方向は左 90°（左正横）として１時間減少するごとに 30° 左回りに増えていく。飛行中は航空図を機首尾線に合わせる即ち航空図を整列にするので左右で表現するほうが適している。

無風であることから針路と航跡は一致する。磁針路 270° で 10 時方向は磁方位＝ 270 － 60 ＝ 210° に A 駅がある。A 駅からは 210° の反方位 030°（北北東）の方位に位置する。

正解　(3)

問 4　QNH の有無について、(1) と (3) が正しい。(2) は間違い。

正解　(2)

問 5　WCA は計画の風力三角形に、DA は飛行中の風力三角形に用いる。偏位角を α とすると、DA ＝ α － WCA が成立する。

正解　(3)

問 6　外目盛り 35 に内目盛り 80 を合わせて内目盛り 60 に対応する外目盛り 26 より α ＝ 2.5 になる。風を修正しないとは WCA ＝ 0 であり、DA ＝ α － WCA の式が成立し、DA ＝ α となる。DA ＝ 2.5°

正解　(2)

問 7　正解　(2)　　AIM － j を参照

問 8　緯度が同じであれば、日没時は経度を時間に直した経度時を加減すればよい。

140° 30′ E　　1° 4 分　　1′ 4 秒　　5 × 4 ＝ 20 分

－) 135° 30′ E　　B 空港は A 空港の西にあるので日没は遅れる。

5° 00′　　18 時 30 分

＋)　　20 分

18 時 50 分

正解　(3)

問9　正解　(4)

問10　磁気コンパスの加速度誤差は東西の針路で顕著に表れる。増速すると北半球では北寄りの、南半球では南寄りの針路を指す。

正解　(2)

問11　正解　(1)

問12　正解　(2)

問13　正解　(3)

問14　自差表のTO FLYはMH、STEERはCHを表している。MH165°は表の150と180の中間であり、TO FLY150にSTEER152即ち2°W、TO FLY180にSTEER180は自差0である。比例配分して1°Wとなるので、CH = 165 + 1 = 166

正解　(4)

（問題１－２）

問 1　航空図作成上の条件で最も満足していなければならないものはどれか。

(1)　航程線が直線で表されること

(2)　大圏が直線で表されること

(3)　角度が正角であること

(4)　距離が正距であること

問 2　航法の三作業の組み合わせで正しいものはどれか。

(1)　機位の確認　・針路の決定　・到着予定時刻の算出

(2)　風の算出　　・針路の決定　・到着予定時刻の算出

(3)　機位の確認　・針路の決定　・風の算出

(4)　風の算出　　・機位の確認　・到着予定時刻の算出

問 3　磁針路 270°で飛行中、A 駅が 10 時方向に見えた。この時の航空機は A 駅から見て、どの位置にいるか。ただし、その高度の風は無風であった。

(1)　A 駅から見て北西の位置にいる。

(2)　A 駅から見て南西の位置にいる。

(3)　A 駅から見て北東の位置にいる。

(4)　A 駅から見て南東の位置にいる。

問 4　高度計の規正要領について誤りはどれか。

(1)　QNH が入手できない場合は、出発地の標高にセットする。

(2)　QNH の有無にかかわらず、出発地の標高にセットする。

(3)　QNH が通報されている空港から出発する場合は、当該 QNH にセットする。

(4)　平均海面上 14,000FT 以上は、QNE（29．92 インチ）をセットする。

問 5　自差、偏差について正しいものはどれか。

(1)　真北が磁北の東に偏するのを Variation E という。

(2)　羅北が磁北の西に偏するのを Deviation W という。

(3)　日本付近の等偏差線は 6 ～ 7°Wで固定であり変化しない。

(4)　Deviation は各機体ごとに違いがあるが、ひとつの機体では各方位とも一定である。

問 6　不慣れな飛行場に着陸のため進入中、実際よりも低い錯覚を生じるのはどれか。

(1)　上がり勾配の滑走路に進入するとき

(2)　下がり勾配の滑走路に進入するとき

(3)　風防に雨があたっているとき

(4)　通常より狭い幅の滑走路に進入するとき

問7　野外飛行において巡航中、WCA＋10°として飛行したところ、当初、機軸線上にあった前方の目標物が機軸線上から左側に徐々に移動しながら近づいてきた。
　この時のWCAについて正しいものはどれか。
(1)　適切である。
(2)　少なすぎる。
(3)　大きすぎる。
(4)　判断できない。

問8　A空港（35°　30′　N　140°　30′　E）の日没が18時30分であるとき、B空港（35°　30′　N　135°　30′　E）の日没で正しいものはどれか。
(1)　18時00分
(2)　18時10分
(3)　18時50分
(4)　19時00分

問9　耳閉塞について正しいものはどれか。
(1)　経口の充血低減薬によって防止するのが適切である。
(2)　上昇中に最も発生しやすい。
(3)　酸素100%を吸入することで回復できる。
(4)　唾を飲み込んだりあくびをしたりすることにより防げる。

問10　風を修正せずにチェックポイントAを通過し、チェックポイントBではコースから左に3nmずれていた。AB間の距離が30nmの時のDAで正しいものはどれか。
(1)　4°　R
(2)　4°　L
(3)　6°　R
(4)　6°　L

問11　VORのラジアルについて正しいものはどれか。
(1)　VOR局への真方位である。
(2)　VOR局からの磁方位である。
(3)　VOR局への磁方位である。
(4)　VOR局からの真方位である。

問12　次の記述で正しいものはどれか。
(1)　パイロットに感情を乱すような出来事があっても安全飛行に問題は生じない。
(2)　パイロットが地上でストレスを受けても空中に上がれば解放される。
(3)　パイロットは一時的な疲労であっても能力が低下して安全飛行に影響がある。
(4)　パイロットが食事を採らないで飛行しても安全飛行に影響は生じない。

問 13　航空保安無線施設について誤りはどれか。

(1)　VOR
(2)　NDB
(3)　GPS
(4)　TACAN

問 14　ある機体の自差表を確認したところ、以下のとおりであった。MH165°で飛行するための CH で正しいものはどれか。

(1)　160°
(2)　163°
(3)　165°
(4)　166°

TO FLY	STEER
000	000
030	032
060	064
090	095
120	123
150	152
180	180
210	209
240	237
270	265
300	298
330	329

(問題1－2解答)

問1　正解　(3)

問2　正解　(1)

問3　問題1－1解答　問3の解答を参照のこと。正解 (3)

問4　問題1－1解答　問4の解答を参照のこと。正解 (2)

問5　自差（Deviation）とは羅北が磁北に対するズレであり西あるいは東に度数で表すのが一般的である。偏差（Variation）とは磁北が真北に対するズレであり西あるいは東に度数で表す。
正解　(2)

問6　正解　(2)

問7　第12章地文航法　12-7　1.　例題2と同じ。TCの右側から風が吹くものとして針路を右に振ったところ、針路の左から風が吹いてきている。
WCAが大きいことを意味する。TCから10°以上流されることになるので、直ちに現在の針路での飛行を中止して、コース上の目標物を探してコースに戻り、航法をやり直すべき事象である。WCAが大き過ぎるということだけで片付ける問題ではない。
正解 (3)

問8　問題1－1　問8と同じ問題。正解 (3)

問9　正解 (4)

問10　風を修正しないとはWCA＝0　TC＝TH　DA＝ α —WCA
よってDA＝α　変位角αを求めるとDAになる。α ＝6°左
正解 (4)

問11　正解 (2)

問12　正解 (3)

問13　正解 (3)

問14　問題1－1　問14と同じ問題。正解 (4)

2．事業用

（問題）

問 1　風力三角形について誤りはどれか。

(1)　大気ベクトルは TC と TAS からなる。

(2)　対地ベクトルは TR と GS からなる。

(3)　DA は TH から TR への角度である。

(4)　WCA は TC から左にひねる角を (−) 修正角という。

問 2　航空図に記されている「------ 6°W　------」の記号の意味で正しいものはどれか。

(1)　真北が磁北より 6 度西にある。

(2)　羅北が磁北より 6 度西にある。

(3)　等偏差線で磁北が真北より 6 度西にある。

(4)　等偏差線で羅北が真北より 6 度西にある。

問 3　風 160 度 30kt のもとで、TAS150kt の航空機が時刻 09:00 から TC130 度を最大進出する時の TH と行動半径と PSR の時刻で正しいものはどれか。ただし、飛行可能時間は 2 時間 30 分とする。

(1)　TH124°　行動半径 190nm　PSR の時刻 10:26

(2)　TH136°　行動半径 190nm　PSR の時刻 10:28

(3)　TH124°　行動半径 180nm　PSR の時刻 10:26

(4)　TH136°　行動半径 180nm　PSR の時刻 10:28

問 4　目的空港の天候が悪化する可能性があるため、ETP で最終的な飛行の判断をしたい。出発後 ETP となる経過時間として正しいものはどれか。ただし、TC200 度　距離 300nm、TAS150kt、風 030 度 30kt とし、上昇降下は考慮しない。

(1)　40 分後

(2)　44 分後

(3)　48 分後

(4)　51 分後

問 5　航法計算盤を利用して算出した結果で誤りはどれか。

(1)　ガソリン 40gal は 240Lbs である。

(2)　25℃は 75°F である。

(3)　体重 70kg の人は 154Lbs である。

(4)　44km は 27.4sm であり、23.8nm である。

問 6　A 空港（35°30′N　140°30′E）を出発し、B 空港（35°30′N　130°30′E）へ日没の 30 分前に到着したい。ETE(予定飛行時間) を 1 時間とする場合、離陸しなければならない時刻で正しいものはどれか。ただし、A空港の日没は、18時30分とする。

(1)　17時10分

(2)　17時30分

(3)　17時40分

(4)　18時40分

問7　夜間飛行について誤りはどれか。

(1)　夜間は見ようとする物体に対してオフセンターの見方が効果的である。

(2)　パイロットの目は明るい光にさらされた後の暗順応でもすぐ機能が回復する。

(3)　赤色の照明は偏色性が強く、航空図の判読に影響する。

(4)　航空灯火はその色によって意味をもっており、黄は注意・警告を、赤は危険・禁止を意味している。

問8　過呼吸症（ハイパーベンチレーション）について正しいものはどれか。

(1)　過呼吸症は低酸素症と初期の兆候が明らかに異なるが、酸素100%を吸入することですぐに回復できる。

(2)　過呼吸症は飛行中緊迫した状態に陥り、必要以上に体内の酸素を排出するために起こる。

(3)　過呼吸症の兆候が現れたら、自分で意識的に呼吸の速さと深さを調整すれば30分程度で回復できる。

(4)　過呼吸症は飛行中緊迫した状態に陥り、必要以上に体内の炭酸ガスを排出するために起こる。

問9　発動点から航法ログにしたがい高度6,000ftで針路・速度を維持して飛行し、途中のチェックポイント(発動点から30nmの位置)をETAと同時刻にアビームした。その時のチェックポイントは航空機から俯角45°の位置にあった。次のうち正しいものはどれか。

(1)　GSは計画より遅く、DAは計画より2°多い。

(2)　GSは計画と同じであり、DAは計画より1°多い。

(3)　GSは計画と同じであり、DAは計画より2°多い。

(4)　GSは計画と同じであり、DAは計画より1°少ない。

問10　航路及び距離の測定で最も正確にできるものはどれか。

(1)　ランバート図での航路の測定は中分子午線で測定し、距離はどの子午線のどの緯度を使用してもよい。

(2)　ランバート図での航路の測定は中分子午線で測定し、距離は中分緯度付近を使用するのがよい。

(3)　メルカトル図での航路及び距離の測定はどの子午線で測定してもよい。

(4)　メルカトル図での航路及び距離の測定は中分緯度線で測定するのがよい。

問11　磁針路230°で飛行中、位置確認のためVOR局を選択しHSIのコースセレクターを回したところ330°でデビエイションバーが中央となり、TO－FROM指示はTOであった。正しいものはどれか。

(1)　飛行機は050°ラジアル上にいる。
(2)　飛行機は150°ラジアル上にいる。
(3)　飛行機は230°ラジアル上にいる。
(4)　飛行機は330°ラジアル上にいる。

問12　次の記述で正しいものはどれか。

(1)　パイロットに感情を乱すような出来事があっても安全飛行に影響は生じない。
(2)　パイロットが地上でストレスを受けても空中に上がれば解放される。
(3)　パイロットは一時的な疲労であっても能力が低下して安全飛行に影響がある。
(4)　パイロットが食事を採らないで飛行しても安全飛行に影響は生じない。

問13　錯覚について誤りはどれか。

(1)　長い時間の定常旋回中に頭を急に動かしたりすると、コリオリ効果による錯覚が生じる。
(2)　暗闇の中で静止している灯火を長く見つめていると灯火が動き回るような錯覚が生じる。
(3)　不明瞭な水平線、幾何学的な地上灯火の配列等により水平線に正しくアラインしていない錯覚が生じる。
(4)　上昇から水平飛行に急激に移行するとパイロットは前方に倒れるような錯覚が生じる。

問14　会合法の原則について誤りはどれか。

(1)　会合の運動中は変針、変速しない。
(2)　会合開始時の相対方位を一定に保つ。
(3)　両者の会合開始時刻が同時刻である。
(4)　会合時刻に会合点へ到着するため速度を常に変更する。

事業用
（解答）

問 1　正解 (1)

問 2　正解 (3)

問 3　第 13 章の最大進出の公式から解く。往航の GS を GSo　所要時間を To　復航の GS を GSb とし、飛行可能時間を TT とする。
計画の風力三角形から　TC130°　WCA ＋ 6 °　TH136°　GSo 123kt、TCb310°　WCA － 6 °　TH304°　GSb175kt

$$\frac{To}{TT} = \frac{GSb}{GSo+GSb} \qquad \frac{To}{150} = \frac{175}{123+175}$$

To ＝ 88 ＝ 1:28　GSo123kt より行動半径は 180nm
PSR の時刻は 09:00 ＋ 1:28 ＝ 10:28
正解　(4)

問 4　第 13 章の等時点の公式から解く。ETP から引き返す GS を GSr　距離を Dr とし、続行する GS を GSc　距離を Dc とし、両地の距離を TD とする。計画の風力三角形から TC200°　GSc 179kt、TC020°　GSr 121kt

$$\frac{Dr}{300} = \frac{121}{179+121}$$

Dr ＝ 121nm　　GSc 179kt 距離 121nm より所要時間 40 分
正解　(1)

問 5　航法計算盤の温度計算（摂氏、華氏）より 25℃は 77°Fである。
正解　(2)

問 6　B 空港の日没時を A 空港の日没時から求める。両者の経度差は 10°　0′
1 °　4 分、1′　4 秒から 10 × 4 ＝ 40 分　B 空港は A 空港の西にあるので、日没時は遅くなる。
B 空港の日没時は 18：30 ＋ 0：40 ＝ 19：10
30 分前に到着したい。19：10 － 0：30 ＝ 18：40　には到着したい。
1 時間かかる。18：40 － 1：00 ＝ 17：40
正解　(3)

問 7　正解　(2)　この問題は、字句を変えて出題されるので正しいものを覚えておくこと。

問 8　正解　(4)

問 9　6,000ft は 1 浬、チェックポイントにアビームで俯角 45°とは距離は高度と同じで 1 浬に、ETA と同時刻は GS に変化がないこと。

$\alpha = 2$

DA ＝ α —WCA　あるいは　α ＝ DA ＋ WCA

よって、DA は計画 (WCA) より 2°多いか少ないかのどちらかであり (1)(2)(4) は該当しない。

正解　(3)

問 10　メルカトル（メルカトール）図での航路の測定はどの子午線で測定してもよい。距離の測定は 2 地点の中間付近の緯度目盛りを用いる。

ランベルト（ランバート）図では、航程線航法の TC を測定するときは中間付近の子午線で測定する。距離の測定は、実用上一定尺とみなして測定して差し支えない。二標準緯線の中分緯度では最も縮小されており、この緯度目盛りを用いての距離測定は好ましくない。

2 地点の中間地点付近の緯度目盛りを用いるのは悪くはない。

(1)(3)(4) は誤りである。(2) は後半の「距離は中分緯度付近」を 2 地点の中間緯度付近とすれば正解となる。

正解　(2)

問 11　TO で 330°はその反方位である 150°ラジアル上にいる。

正解　(2)

問 12　正解　(3)

問 13　正解　(4)

問 14　正解　(4)

3．類似問題

（問題）

3－1　航空図の短所について誤りはどれか。

(1)　メルカトル図は極を表すことができず緯度が高くなるにつれて歪みがでる。

(2)　メルカトル図は距離を測る一定尺がない。

(3)　ランバート図の航程線は直線とならず、極に引っ張られるような曲線となる。

(4)　ランバート図は直角座標でないから地点のプロット、読み取りが面倒である。

3－2　DME 未装備のためタイムアンドディスタンスチェックで VOR 局までの時間と距離を求めたい。次のうち誤りはどれか。

(1)　VOR 局への RB が 85°から 95°になるような針路で飛行し、RB10°分の変化に要する時間を測定する。

(2)　VOR 局への RB が 10°から 20°になるような針路で飛行し、RB10°分の変化に要する時間を測定する。

(3)　VOR 局までの距離の計算には、現在の TAS を使用する。

(4)　VOR 局への RB が 275°から 265°になるような針路で飛行し、RB10°分の変化に要する時間を測定する。

3－3　野外飛行で巡航中、前方に発達した雲があるため右に 60 度変針して 2 分間飛行したところ雲を避けることができた。元のコースに戻るにはどのように飛行すればよいか。また、コースに戻った時、ETA の遅れとして正しいものはどれか。なお、この時の風は無風であった。

(1)　左に 120°変針して 2 分間飛行し、右に 120°変針する。2 分の遅れ。

(2)　左に 60°変針して 2 分間飛行し、右に 120°変針する。2 分の遅れ。

(3)　左に 120°変針して 2 分間飛行し、右に 60°変針する。2 分の遅れ。

(4)　右に 120°変針して 3 分間飛行し、左に 60°変針する。2 分の遅れ。

3－4　服薬することでパイロットの能力を低下させてしまうおそれのある薬剤で誤りはどれか。

(1)　総合感冒剤

(2)　自律神経剤

(3)　抗ヒスタミン剤

(4)　ビタミン剤

3－5　DME 未装備のためタイムアンドディスタンスチェックで VOR 局までの時間と距離を求めたい。次のうち誤りはどれか。

(1)　VOR 局への RB が 85°から 95°になるような針路で飛行し、RB10°分の変化に要する時間を測定する。

(2)　RB10°分の変化に要する時間が 2 分のとき、局までの所要時間は 12 分である。

(3)　VOR 局までの距離の計算には、現在の IAS を使用する。

(4)　VOR 局への RB が 275°から 265°になるような針路で飛行し、RB10°分の変化に要する時間を測定する。

3－6　変針点Aから変針点Bへの飛行中、Aから 20nm の地点まで 10 分を要し、オフコースの距離が 2 nm であった。ただちにBに向けるには何度変針すればよいか。また、Bまでの所要時間で正しいものはどれか。ただし、AB 間の距離は 50nm とする。

(1)　9度・15 分

(2)　10 度・15 分

(3)　6度・20 分

(4)　15 度・15 分

3－7　航法計算盤を利用して算出した結果で誤りはどれか。

(1)　1,800m は 5,900ft である。

(2)　140gal は 500 リットルである。

(3)　体重 70kg の人は 154Lbs である。

(4)　44km は 23.8nm であり、27.4sm である。

3－8　北半球で磁気コンパスの北旋誤差にあたるもので正しいものはどれか。

(1)　針路 360°から西に旋回する時、一時的に指示が減少する（西よりとなる）。

(2)　針路 270°から 180°に旋回する時、遅く旋回しているように指示する。

(3)　針路 270°から 360°に旋回する時、遅く旋回しているように指示する。

(4)　針路 360°から東に旋回する時、一時的に指示が減少する（西よりとなる）。

3－9　TAS について誤りはどれか。

(1)　TAS は高度が 1,000ft 上がれば CAS の約２％だけ多くなる。（標準大気の場合）

(2)　TAS が CAS と同じとなる場合がある。

(3)　TAS は気温 1 ℃の変化で CAS の約 0.5％変化する。（高度一定の場合）

(4)　TAS は CAS から高度と気温の修正をしなければならない。

3－10　磁気コンパスの旋回誤差及び加速度誤差が最も顕著に現れる針路の組み合わせで正しいものはどれか。

(1)　旋回誤差：360°　　加速度誤差：225°

(2)　旋回誤差：180°　　加速度誤差：045°

(3)　旋回誤差：090°　　加速度誤差：180°

(4)　旋回誤差：180°　　加速度誤差：270°

3－11　行動半径の説明で正しいものはどれか。

(1)　無風時の行動半径は、風がある時の行動半径より大きい。

(2)　風・TAS 一定の場合、どんな TC を飛行しても行動半径は同じである。

(3) あるTCでTAS一定の時、風が変わっても行動半径は変わらない。

(4) あるTCでTAS一定であれば、風向が変化しても風速が一定であれば行動半径は変わらない。

3－12　航法計算盤を利用して算出した次の結果で誤りはどれか。

(1) 1,800mは5,900ftである。

(2) 29galは110リットルである。

(3) 体重70kgの人は152Lbsである。

(4) 44kmは27.4smであり、23.8nmである。

3－13　位置の線（LOP）による機位決定に関する記述で正しいものはどれか。

(1) ２方位により機位を決定するときは交角120°に近い程精度がよい。

(2) 地上局が１局しか使用できない場合はFIXがとれない。

(3) 異なる時間にひとつの地上局から得た位置の線（LOP）はRUNの改正が必要である。

(4) ADFでしか位置の線（LOP）を得ることができない。

3－14　夜間飛行について誤りはどれか。

(1) 夜間は見ようとする物体に対してオフセンターの見方が効果的である。

(2) パイロットの目は明るい光にさらされた後の暗順応は、明順応に比べて時間がかかると言われている。

(3) 航空灯火はその色によって意味をもっており、黄は用心・制限を、青は注意・警告を意味している。

(4) 着陸灯を使用すると、霧、煙霧、ヘイズ等による反射で機外の視認性が低下することがある。

3－15　パイロットの機能喪失（インキャパシテーション）について正しいものはどれか。

(1) 機能喪失になると、常に外見も普段と変わってくる。

(2) 完全な機能喪失の原因としては、極度の疲労、過度の飲酒等がある。

(3) 一時的な機能喪失は、心不全、脳内出血等による場合がある。

(4) 機能喪失は、他のパイロットによってすぐに発見できないことがある。

3－16　パイロットの機能喪失（インキャパシテーション）に関する記述で誤りはどれか。

(1) 一時的な機能喪失と完全な機能喪失とがある。

(2) 完全な機能喪失の原因としては、心不全、心筋梗塞、脳内出血、脳卒中等がある。

(3) 一時的な機能喪失は、極度の疲労、過度の飲酒、睡眠不足等による場合がある。

(4) 機能喪失は、他のパイロットによってすぐ発見できる。

3－17　ウェイクタービランスの回避要領について誤りはどれか。

(1) 大型機に続いて離陸する場合には、先行機の浮揚地を注視して、その地点より手前で浮揚させ、先行機のパスの上方を風上に向けて上昇する。

(2) 大型機の離陸に続いて着陸する場合は、先行機の浮揚地を注視して、その地点より十分手前に接地する。

(3)　大型機に続いて着陸する場合には、先行機のパスよりも低いパスを維持し、先行機の接地点より手前に接地する。

(4)　エンルートを航行中、同高度付近に大型機を視認したならば、その後方下方の飛行を避けるべきである。

3－18　低血糖症候群の発生原因として正しいものはどれか。

(1)　血液中の葡萄糖が増加した。

(2)　飛行中に食事をとらなかった。

(3)　喫煙の習慣

(4)　睡眠不足

3－19　目標物の見え方で正しいものはどれか。

(1)　目に映る全てのものは同一の視力で見えている。

(2)　夜間は目標物を凝視すれば、光を感じる細胞が網膜の中心にあるためよく見える。

(3)　対象物がない空間を見ていると焦点が手前になり仮性近視（空間仮性近視）となる。

(4)　昼間は形や色を感知する細胞が網膜の中心から少しずれているためオフセンターで見ると良い。

3－20　夜間飛行について次の記述で誤りはどれか。

(1)　夜間は昼間よりゆっくり目を動かし、見ようとする物体を正面から見ることが効果的である。

(2)　パイロットの目は明るい光にさらされた後の暗順応には、約30分ぐらいかかると言われている。

(3)　着陸灯を使用すると、霧、煙霧、ヘイズ等による反射で機外の視認性が低下することがある。

(4)　航空灯火はその色によって意味をもっており、青は用心・制限を意味している。

3－21　空間識について誤りはどれか。

(1)　空中で自機の姿勢や方向を知っていることを空間識という。

(2)　視覚に関する錯覚は非常に堅固であり、危険なことが多い。

(3)　空間識は視覚情報、体性感覚情報、平衡感覚情報から得られる。

(4)　人間は常に地球の重力を感知しているので、姿勢に関しては空中でも錯覚を起こさない。

3－22　加速度が身体に及ぼす影響で正しいものはどれか。

(1)　プラスのGを受けると血液が下肢方向から頭部方向へ流れるため頭痛が生じる。

(2)　マイナスのGを受けると血液が頭部方向から下肢方向へ流れるため顔面が充血する。

(3)　プラスのGを受けると血液が頭部方向から下肢方向へ流れるため視野が狭くなり目の前が暗くなる。

(4)　マイナスのGを受けると血液が下肢方向から頭部方向へ流れるため下肢の充血が生じる。

3－23　傾斜錯覚に関する記述で誤りはどれか。

(1) 急激な加速は機首を上げる感覚を生じ、パイロットは操縦かんを押し、急降下に入れようとする。

(2) 急激な減速は機首を下げる感覚を生じ、パイロットは操縦かんを引き、失速姿勢に入れようとする。

(3) 長い定常旋回中に、旋回感がなくなったら、頭を強く振ると回復する。

(4) 上昇から急激に水平飛行に移行すると、後方に倒れるような錯覚を生じ、機首を下げようとしてしまう。

3－24　低酸素症（ハイポキシア）に関する記述で誤りはどれか。

(1) 自ら低酸素症を認識することは大変難しい。

(2) 脳が影響を受けるので、記憶力、思考能力、判断力が低下してくる。

(3) 普通の健康なパイロットにとって 12,000ft（機内高度）未満では顕著な影響は表れないとされている。

(4) 酸素は低酸素症に陥ったと認識してから吸入する。

3－25　低酸素症（ハイポキシア）に関する記述で誤りはどれか。

(1) 自覚症状がはっきりと現れ、早期に低酸素症を認識できる。

(2) 脳が影響を受けるので、記憶力、思考能力、判断力が低下してくる。

(3) 普通の健康なパイロットにとって 12,000ft（機内高度）未満では顕著な影響は表れないとされている。

(4) 夜間視力の低下は 5,000ft（機内高度）でも起きるとされている。

3－26　低酸素症（ハイポキシア）に関する記述で誤りはどれか。

(1) 低酸素症とは人間の脳及び他の機能に障害をきたす程に体内の酸素が不足している状態をいう。

(2) 高度の上昇とともに低酸素症にかかりやすくなる。

(3) 夜間視力の低下は 5,000ft に相当する機内気圧のもとでも起こる。

(4) 高度の上昇とともに肺胞内の酸素分圧が高くなり、血液中に酸素が入って行かなくなり低酸素症となる。

3－27　着陸進入中において遭遇する錯覚について誤りはどれか。

(1) 上がり勾配の滑走路に進入する時は、実際より高く感じる。

(2) 通常より幅の狭い滑走路に進入する時は、実際より高く感じる。

(3) 地上物標のない場所に進入する時は、実際より低く感じる。

(4) 風防に当たる雨により滑走路までの距離は遠く感じる。

3－28　着陸失敗をもたらす錯覚のうち正しいものはどれか。

(1) 通常より幅の狭い滑走路に進入する時は、実際の高さより高く飛んでいると感じる。

(2) 明るく輝く滑走路灯や進入灯が周囲を照らしていると、滑走路が遠くに見え、結果としてパスを低くしてしまう。

(3)　上がり勾配の滑走路に進入する時は、実際の高さより低く飛んでいると感じる。

(4)　下がり勾配の滑走路に進入する時は、実際の高さより高く飛んでいると感じる。

3 − 29　次の記述で誤りはどれか。

(1)　対象物が見えるためにはいくつかの条件が必要であり、条件が悪い時には対象物が近づいても見えないことがある。

(2)　見張りをする場合には一箇所一箇所に視線を止めて見るのではなく、視線を絶えず動かした方がよい。

(3)　視野の全てが良好な視力で見えているわけではなく、よく見えているのはほんのわずかな範囲である。

(4)　人間の能力には限界があり、網膜の機影が映っても瞬時に回避操作をとることはできない。

3 − 30　見張りと空中衝突の予防について正しいものはどれか。

(1)　コクピット内の計器と遠距離の目標の間で視点を移動する場合、焦点を合わせるのに数秒かかる。

(2)　レーダー誘導を受けた場合は管制側に責任があるので見張りの義務を負うことはない。

(3)　自機に進路権がある場合は、相手が回避するのを待つべきである。

(4)　空域の一定部分を注視することにより視野の全ては良好に見張りを実施できる。

3 − 31　飛行中の錯覚を起こす可能性が少ないのはどれか。

(1)　雲の稜線が傾いている場合

(2)　雲間からの太陽光線が垂直に注ぐ場合

(3)　視程が悪く水平線が不明瞭な場合

(4)　上昇気流や下降気流が急激な場合

3 − 32　TAS150kt で推測航法中、Wind Star を実施し、次の DA を得た。その時の風で正しいものはどれか。

① TH210°　DA 6°　L　② TH270°　DA 8°　L　③ TH330°　DA 1°　L

(1)　137°　21kt

(2)　157°　26kt

(3)　317°　26kt

(4)　337°　21kt

3 − 33　TAS と CAS の値で正しいものはどれか。

(1)　TAS と CAS が一致することはない。

(2)　高度をとれば TAS は CAS より増加する。

(3)　高度をとれば TAS は CAS より減少する。

(4)　温度によって、TAS が CAS よりも大きい時も小さい時もある。

3－34　TASとCASの値で正しいものはどれか。

(1)　TASとCASが一致することはない。

(2)　TASはCASより必ず大きくなる。

(3)　TASはCASより必ず小さくなる。

(4)　温度によって、TASがCASよりも大きい時も小さい時もある。

3－35　対気速度計の指示に誤差を生じさせないものはどれか。

(1)　ピトー管取付位置

(2)　空気密度

(3)　空気の圧縮性

(4)　風速

3－36　次の記述で誤りはどれか。

(1)　気圧高度は標準気圧面からの圧力高度である。

(2)　計器高度は平均海面からの圧力高度である。

(3)　真高度は平均海面からの高度で、計器高度に機外温度を補正して計算盤から求める。

(4)　密度高度は標準大気で定められた空気密度に相当する高度で、気圧高度に機外温度を補正して計算盤等から求める。

3－37　高度についての記述で誤りはどれか。

(1)　気圧高度8,000ft機外温度－11℃の場合の真高度は7,700ftである。

(2)　気圧高度5,000ft機外温度14℃の場合の密度高度は6,000ftである。

(3)　QNH法では標準気圧面からの圧力高度を指示する。

(4)　QNH法では大気温度が標準大気温度より5.5℃高い時には真高度は計器高度より約2％高くなる。

3－38　気圧高度計の誤差の説明で正しいものはどれか。

(1)　QNHで巡航中、OAT（機外温度）が変化しても真高度は同じである。

(2)　QNEで巡航中、気圧が変化しても真高度は同じである。

(3)　QNH、QNEとも巡航中、気温の低い空域に入ると真高度は低くなる。

(4)　QNHで巡航中、OATの高い空域に入ると真高度は低くなる。

3－39　あるVORDME直上を高度18,000ftで通過した。その時のDME値に最も近いものはどれか。

(1)　1nm

(2)　2nm

(3)　3nm

(4)　4nm

3 − 40　航空機が VORDME のラジアルを正確にトラッキングしているときに 50DME と 23DME の ZONE TIME が 11 分であった。この時の GS で正しいものはどれか。

(1)　143kt
(2)　147kt
(3)　151kt
(4)　155kt

3 − 41　VOR 局への Time and distance check のため 10 度の方位変化を測定したところ、3 分かかった。TAS120kt のときの VOR 局までの時間と距離で正しいものはどれか。

(1)　12 分　・36nm
(2)　 6 分　・36nm
(3)　18 分　・24nm
(4)　18 分　・36nm

3 − 42　IAS 一定で巡航中、予想外の強い向かい風に遭遇した。以下の対応で誤りはどれか。

(1)　TAS は風の影響を受けないので飛行計画の変更はない。
(2)　GS が計画より遅くなるので ETA の修正が必要である。
(3)　ETE が大きくなるので消費燃料を確認する必要がある。
(4)　風の弱い高度へ高度変更を考慮する必要がある。

3 − 43　IAS 一定で飛行中、外気温度の低下、GS の低下及び偏流角が風下側に大きくなっていることを判断できた。次の対応で誤りはどれか。

(1)　IAS 一定の飛行なので特に飛行を変更する必要はない。
(2)　風の弱い高度を調べ高度変更を実施し、再度 ETA を算出し、残燃料の確認を行う。
(3)　ETE が大きくなるので、ETA の修正と残燃料の確認を行う。
(4)　燃料とエンジン出力に十分余裕がある場合、出力を上げ予定到着時刻を一致させるように飛行を行う。

3 − 44　地文航法の計画上の留意事項として誤りはどれか。

(1)　不時着場・代替飛行場・飛行障害・管制区域を考慮してコースを決める。
(2)　飛行時間の短縮を常に優先して考え出発飛行場から目的飛行場まで直航するコースとする。
(3)　航空機性能・風や雲の状況・飛行視程・気流・着氷等を考慮して飛行高度を選ぶ。
(4)　航空機性能・自分の技量・航法誤差を考慮して安全第一で計画する。

3 − 45　VFR で飛行中、空中衝突を防止するための措置として誤りはどれか。

(1)　管制機関等へ自機の位置や進路等を通報して他機の情報も入手した。
(2)　天候がよく視程も十分あることから TCA アドバイザリーを受けずに飛行した。
(3)　トランスポンダーを常時発信し見張りも十分実施した。
(4)　航空交通が輻輳する空域なので着陸灯を点灯して飛行した。

3－46　次の記述で正しいものはどれか。
(1)　DA と WCA は同一のものである。
(2)　風が吹いているときは飛行中必ず DA が生じる。
(3)　TAS が速くなると DA は大きくなる。
(4)　DA と機体の大きさとは全く関係しない。

3－47　ある航空機の横風制限値は 15kt である。R／W 32 に着陸する場合、この制限値内にあるのはどれか。
(1)　220 度 18kt
(2)　290 度 25kt
(3)　350 度 34kt
(4)　020 度 22kt

3－48　ADF を利用してホーミングを行う場合で正しいものはどれか。
(1)　横風のある場合、航跡は直線となる。
(2)　無風の場合、航跡は曲線となる。
(3)　横風のある場合、航跡は曲線となる。
(4)　適切な偏流修正角をとって飛行することである。

3－49　WCA を＋3°とってチェックポイント A の直上を通過し、24 分後にチェックポイント B の左正横 3 nm の地点を通過した。AB 間を 60nm、TC260°である。TAS が 145kt の時、風を求めよ。
(1)　350 度 16kt
(2)　030 度 14kt
(3)　020 度 10kt
(4)　010 度 16kt

3－50　ETP（等時点）について正しいものはどれか。
(1)　ETP は、風速の強い時はコースの中央点より風下側に、風速が弱い時は風上側に存在する。
(2)　ETP は、風のある場合は常にコースの中央点より風下側に存在する。
(3)　ETP は、風のある場合は常にコースの中央点より風上側に存在する。
(4)　ETP は、風速の弱い時はコースの中央点より風下側に、風速が強い時は風上側に存在する。

3－51　気圧高度 20,000ft、機外温度－ 30℃の時の密度高度で正しいものはどれか。
(1)　約 19,000ft
(2)　約 19,500ft
(3)　約 20,000ft
(4)　約 20,500ft

（解答）

3－1　ランバート図の航程線は赤道側に引っ張られるような曲線 (対数ら旋) になる。
正解　(3)

3－2　(1)(3)(4) は正しい。誤りは (2)
正解　(2)

3－3　ウインドスター 60°法である。無風の時には航跡は正三角形になる。2 分レグでは 2 分の、3 分レグでは 3 分の時間の遅れがでる。
右に 60°変針すれば、左に 120°変針して 2 分では 2 分間、3 分では 3 分間飛行し、右に 60°変針する。2 分では 2 分の、3 分では 3 分の遅れがでる。
左に 60°変針すれば、右に 120°変針して 2 分あるいは 3 分間飛行し、左に 60°変針する。2 分あるいは 3 分の遅れがでる。
正解　(3)

3－4　正解　(4)

3－5　局への所要時間＝ 60 ×方位変化に要した時間 (分)÷ 方位変化量
RB10°分の変化に要する時間が 2 分とは方位変化量 (RB10°分の変化) が 10°であることから 60 ÷ 10 ＝ 6 に RB10°分の変化に要する時間を掛ければよい。RB10°分の変化に要する時間が 2 分の時には局への所要時間＝ 6 × 2 ＝ 12 分
局への距離の計算には、TAS あるいは GS を用いる。
正解　(3)

3－6　$\alpha + \beta$ 修正である。20nm で 2nm、30nm(50 － 20) で 2nm

$$\frac{\alpha}{60} = \frac{2}{20} \qquad \frac{\beta}{60} = \frac{2}{30}$$

$$\alpha = 6° \qquad \beta = 4° \qquad \alpha + \beta = 10°$$

航法計算盤から所要時間を算出する。
20nm で 10 分は GS120kt になる。120kt で 30nm は 15 分かかる。
正解　(2)

3－7　航法計算盤の CONVERSION(換算窓) から 140gal は 530 リットル　　1gal は 4 リットル弱である。
正解　(2)

3－8　北半球で磁気コンパスの北旋誤差については南北の針路で東西に変針した時に現れる。

北の針路で東に向けて変針を開始した時に、西寄りの針路を示してから東に向けて針路が変化していく。また、北の針路で西に向けて変針を開始した時に、東寄りの針路を示してから西に向けて針路が変化していく。

正解　(4)

3－9　TASは気温1℃の変化でCASの約0.2％変化する。（高度一定の場合）5℃で1％になる。低速機ではCASから、高速機ではEASからTASを算出する。

正解　(3)

3－10　磁気コンパスの旋回誤差及び加速度誤差が最も顕著に現れる針路は、旋回誤差では南北で、加速度誤差では東西で現れる。

正解　(4)

3－11　行動半径は無風の時に最大となる。

正解　(1)

3－12　計算盤のCONVERSIONより求める。距離の換算では距離目盛の66、76、122にあるNAUT、STAT、kmから求める。1Lbsは0.45kgで70kgは154Lbsである。

正解　(3)

3－13　位置の線については、2方位の時は交角90°に近い程精度がよい。地上局が1局しか使用できない場合はRunning FIXのテクニックでFIXを出すことが可能ではある。命の保証はない。
位置の線の測定時刻が異なる場合にはRUNの改正をする。

正解　(3)

3－14　正解　(3)

3－15　正解　(4)

3－16　正解　(4)

3－17　正解　(3)

3－18　正解　(2)

3－19　正解　(3)

3－20　正解　(1)

3－21　正解　(4)

3－22　正解　(3)

3－23　正解　(3)

3－24　正解　(4)

3－25　正解　(1)

3－26　正解　(4)

3－27　正解　(3)

3－28　正解　(1)

3－29　正解　(2)

3－30　正解　(1)

3－31　正解　(2)

3－32　TH270°の60°法である。飛行中の風力三角形で、グロメットにTAS150ktを合わせる。True Index：TIに270°を合わせ、DA 8° Lの放射状の線上にプロッターを合わせ鉛筆で直線を引く。TR262°の航跡を描いたことになる。

TIにTH210°を合わせ、同様にDA 6° Lの線を引く。

TIにTH330°を合わせ、同様にDA 1° Lの線を引く。

3本の線の交点が風ベクトルWEのE点である。E点に風スケールの黒字を合わせる。風スケールの緑線が337°前後の数字を指し、黒字の風目盛りは21位を指している。

正解　(4)

3－33　低速機においては、TASはCASに密度比を掛けたものであり、飛行高度における空気密度は密度比の分母に来るので、高度をとれば空気密度は小さくなるので、密度比そのものは大きくなる。一般的には高度をとればTASはCASより大きくなるが、低い高度において、気温が低い場合には空気密度は標準大気の海面上の密度よりも大きな値になることもあり得るので、TASがCASより小さいこともある。

(1)(3)は間違いであり、(2)は一般的に成り立つことであるが、例外的に(4)があることになる。(4)は温度によってはあり得ると述べているので間違いではない。

正解　(4)

3－34　正解　(4)

3－35　正解　(4)

3－36　真高度は気圧高度に機外温度を補正して計算盤から求める。
正解　(3)

3－37　QNH法では平均海面からの圧力高度
正解　(3)

3－38　QNH、QNEともに等圧面上を巡航している。気温の低い空域に入ると等圧面も低くなるので、真高度は低くなる。気温の低いあるいは気圧の低い空域に入ると真高度は低くなる。Low lowはLow
正解　(3)

3－39　6,000ftは約1 nmである。DMEは斜距離であり、直上ではDMEの距離は高度と一致する。
正解　(3)

3－40　VOR/DMEのラジアルを正確にトラッキングしているので、航空機は大圏上（直線上）を飛行している。50DMEとはDMEからの距離が50nmであり、50－23＝27nmを11分で飛行したことになる。航法計算盤から
GSは147ktとなる。
正解　(2)

3－41　既に3－5で述べたとおり、RB10°分の変化に要する時間が3分の時には局への所要時間＝6×3＝18分であり、
局への距離＝TAS×飛行時間(分)÷方位変化量から
局への距離＝120×3÷10＝36nm
正解　(4)

3－42及び3－43　予想外の強い向かい風に遭遇した場合には(2)(3)(4)を実行する。
風の弱い高度を調べて高度変更を実施し、ETAの修正と残燃料の確認を行う。燃料とエンジン出力に十分余裕がある場合には出力を上げ予定到着時刻を一致させるように飛行を行う。
正解　(1)

3－44　地文航法を計画する時には、不時着場・代替飛行場・飛行障害・管制区域を考慮してコースを決め、航空機性能・風や雲の状況・飛行視程・気流・着氷等を考慮して飛行高度を選び、航空機の性能・自分の技量・航法誤差を考慮して安全第一で計画すること。直航は必ずしも安

全とは限らない。

正解　(2)

3 － 45　VFR で飛行中、天候がよく視程も十分ある場合であっても、TCA アドバイザリーを受けるべきであり、空中衝突を防止するために必要な措置を積極的に実施すること。

正解　(2)

3 － 46　DA ＝ α － WCA の関係がある。風向が針路に対して同じか反方位の場合には DA は 0 となって生じない。これ以外の風向の風が存在する場合には風が同じであれば、TAS が速くなると DA は小さくなる。機体の大きさには関係しない。

正解　(4)

3 － 47　横風制限値については第 6 章　三角関数の応用を参照のこと。

TRUE INDEX に 320° を合わせる。それぞれの風を入れて横風成分を読む。(1)は 18kt、(2)は 13kt、(3) は 17kt、(4) は 19kt になる。

正解　(2)

3 － 48　ADF 又は VOR を利用してホーミングを行う場合には適切な WCA を採らないので、風に横風成分があると、航跡は風下側に膨らむことになる。

正解　(3)

3 － 49　TC260°　WCA ＋ 3 ° から TH263°　TAS145kt であり、飛行中の風力三角形を解くことになる。60nm で左正横 3nm より α を求める。

α ＝－ 3

DA ＝ α － WCA ＝－ 3 －（＋ 3）＝－ 6 °

60nm を 24 分で飛行から GS150kt

TH263°　TAS145kt　DA 6 °　L　GS150kt　飛行中の風力三角形を解いて風は 010°　16kt になる。

正解　(4)

3 － 50　ETP は、風のある場合はコースの中央点より風上側に存在する。無風の場合と風の方向がコースに正横の場合にはコースの中央点になる。

正解　(3)

3 － 51　密度高度の場合には、コンサイス社の計算盤では TRUE AIRSPEED & DENSITY ALTITUDE の計算窓を使用する。気圧高度 20,000ft に機外温度－ 30℃を合わせる。密度高度の矢印は概ね 19,500ft を指している。

正解　(2)

《引用参考文献》

＊1　「三訂版　地図編集および製図」　小川　泉著　山海堂
＊2　水路図誌等　海上保安庁図誌利用第 180026 号
＊3　「航空計器入門」　秀島　卓著　九州大学出版会
＊4　「学科試験スタディガイド」　日本航空機操縦士協会
＊　国土交通省航空局　航空従事者技能証明等に関する学科試験の過去問の公表
平成 19 年 11 月期試験、平成 20 年 1 月期試験、3 月期試験及び過去問

〈参考文献〉

「精説　地文航法」　松本吉春著　成山堂書店
「航空電子システム」　松葉泰央著　航空大学校
「計器飛行〔1〕」　大藤睦雄著　鳳文書林出版

著　者

紺谷　均（こんたに　ひとし）

略　歴

海上保安大学校航海科卒業　甲種二等航海士（現３級海技技士航海）
第１管区海上保安本部　稚内海上保安部　巡視船航海士
　　　　　　　　　　　小樽海上保安部　救難係
第３管区海上保安本部　羽田航空基地　飛行士　一等航空士
独立行政法人航空大学校　教官　学科教授

主要著書

『空中航法入門』　鳳文書林出版販売

禁無断転載

平成 22 年 8 月 19 日　初版発行
平成 31 年 4 月 16 日　再版発行
令和 5 年 3 月 23 日　３版発行

印刷　ディグ

自家用・事業用操縦士の航法

紺谷　均著

発行　鳳文書林出版販売株式会社
〒 105-0004　東京都港区新橋３－７－３
TEL 03-3591-0909　FAX 03-3591-0709
E-Mail : info @hobun.co.jp　HP : http://www.hobun.co.jp

ISBN978-4-89279-473-5　C3055　¥3500E　　定価　3,850 円（本体 3,500 円＋税 10%）